墨香财经学术文库

鄂东大别山地区植被覆盖对气候变化和人类活动的响应机制

Response Mechanism of Vegetation Cover to Climate Change and Human Activities in Dabie Mountains Region of Eastern Hubei Province

陈珂 卢宝鹏 张焘 著

东北财经大学出版社 大连
Dongbei University of Finance & Economics Press

图书在版编目（CIP）数据

鄂东大别山地区植被覆盖对气候变化和人类活动的响应机制 / 陈珂，卢宝鹏，张焘著．—大连：东北财经大学出版社，2025.3.—（墨香财经学术文库）．—ISBN 978-7-5654-5498-1

Ⅰ.Q948.52

中国国家版本馆CIP数据核字第2024FL1475号

东北财经大学出版社出版发行

大连市黑石礁尖山街217号　邮政编码　116025

网　　址：http://www.dufep.cn

读者信箱：dufep@dufe.edu.cn

大连永盛印业有限公司印刷

幅面尺寸：170mm×240mm　字数：161千字　印张：13.75　插页：1

2025年3月第1版　2025年3月第1次印刷

责任编辑：张晓鹏　责任校对：何　群

封面设计：原　皓　版式设计：原　皓

定价：69.00元

教学支持　售后服务　联系电话：（0411）84710309

如有印装质量问题，请联系营销部：（0411）84710711

前言

在人文地理学上作为吴头楚尾的鄂东大别山地区，位于大别山南麓的长江左岸，行政区范围大致相当于湖北省黄冈市，面积约1.74万平方公里，是长江中游经济带的重要生态屏障。鄂东大别山地区自古以来人文荟萃，演绎了众多文人墨客的经典故事，自隋唐开科举以来，一共诞生了944名进士、3 985名举人，历来就有“黄冈进士冠荆楚”之说。近代以来，大别山作为著名的红色革命根据地，更是涌现出一大批彪炳史册的革命家，且自中华人民共和国成立至今，已经产生了24位黄冈籍两院院士；宗教方面有举世闻名的禅宗四祖、五祖寺；在文艺方面，诞生了享誉世界的黄梅戏；毕昇、苏东坡、程颢、李时珍等人的事迹，更为当地增添了浓墨重彩的人文景观，其文化之兴盛在中原地区可圈可点。

千古风流人物生于斯、长于斯或流于斯，造就了鄂东大别山地区灿烂的历史文化，也是我国五千年璀璨文明的重要构成部分，更是中华文化的瑰宝，引领我们去探索这片神秘的土地。大别山地区作为我国南北气候过渡带，拥有丰富的物种群落和生态系统，演绎着精彩纷呈的生命历程，对当地植被变化及其驱动因素的研究，有利于揭示区域地理过程变迁的机制；尤其在全球气候变暖趋势明显的最近20年，大别山南麓气候过渡带植被覆盖的演变，在一定程度上反映了气候变化对生物群落的影响，因此有必要以植被覆盖度的变化为切入点，展开对当地气候变化影响的研究。

过去的20多年，我国一举由工业和经济基础薄弱的大国成长为全球第二大经济体，人类活动对自然地理过程的扰动和影响十分显著。因此，在探索植被变化的驱动因素时，必然绕不开对人类活动干扰的研究。鄂东大别山地区由于土壤肥沃、雨热同季、物产丰饶，加之历史上开发较早，人类活动的影响向来较为典型。过去20多年，当地工农业和旅游业发展迅速，城市化进程不断加快，也势必影响到植被覆盖的变化。因此，在讨论长时间序列植被变化的驱动因素时，人类活动的影响将是较为重要的选项。

鄂东大别山地区位于植被覆盖历来较好的长江中游流域，境内发育了巴河、倒水、举水、浠水、蕲水等区域知名大河，拥有赤东湖、武山湖、太白湖、龙感湖等大型湖泊以及金沙河、浮桥河、白莲河等大型水库，可谓山脉纵横、河湖交错、平原广布，自然地理条件十分优越。得益于当地优越的地理和气候条件（平均年降水量高达1 200mm以上），黄冈地区植被呈现出覆盖率高、分布面积广、类型多样等特点。然而正是由于当地植被多年以来长势良好，总体呈现出向好的特点和趋势，也给研究带来了一定困扰：如果基于行政区划逻辑展开研究，必然发现几乎无特殊规律可循，这应是文献平台相关研究不足的重要原因。

本研究小组刚开展研究时，也面临同样的困局，为了寻找解决问题的突破口，小组成员连续3年深入鄂、豫、皖大别山腹地，探索植被覆盖对气候变化与人类活动响应的关键证据，并考察了其水系的空间分布格局。功夫不负有心人，经过多次野外考察并借助遥感技术，我们终于发现山区和平原地区植被分布的差异、高大山体植被覆盖与气候禀赋之间存在的异常，以及过去20年间人类活动频繁地区植被覆盖度演变的规律。为此，我们决定摒弃以往以行政边界为单元来开展研究的传统思路，大胆采用以沟道-水系逐级归并流域，进而划分出较大流域地理单元的模式，来分析植被覆盖与气候变化、人类活动之间的响应特征，并与野外调查结果形成高度关联的相互验证关系，从而基本定型本书的研究思路和技术路线。最终在小组成员的共同努力下，我们圆满完成各项模型数据的准备和计算、验证等工作，取得了一定的创新和突破。

回顾本研究过程，既存在探索未知的风险，也充满构建新模型和算法的挑战，对小组任何一个成员来说，都堪称意义重大！因此，每一步的研究进展都是所有成员共同努力的结果，充分体现了小组成员在科研上的专业性和奉献精神。研究的每一项任务，包括从一开始的研究主题构思、野外调研探索、技术路线设计、数据获取与处理到后期的模型构建与计算、GIS制图与结果分析，既是集体智慧的结晶，更是个人潜力和专业水平的体现。也正因为如此，把这些研究成果以学术专著的形式记录下来并加以传播，就显得极为有意义和价值。

本研究过程，充分体现了学术研究的探索精神，既是对主持人独立开展课题研究能力的综合检验，也是小组成员相互配合、获得成长的重要阶梯，更是教学与科研紧密结合的典范。其中的每一个环节，既有彷徨，又有惊喜，但我想更多的是汗水，凝聚了每一位成员的心血，也是大别山的特殊恩赐！在此，我要特别感谢硕士和博士期间的两位导师，他们不仅给我的科研之路指明了方向，更教会了我由宏观到微观的具体研究方法；还要由衷地感谢两位共同作者，你们长期以来在水土保持和流域生态过程研究中所积累的丰富经验与专业素养，既夯实了本研究的理论基础，又确保了研究实践得以在科学的框架内循序展开！

除了衷心感谢相关合作伙伴始终如一的支持以外，还要诚挚感谢本团队的重要成员，即我亲爱的黄冈师范学院的小伙伴们：许彭睿、杨乐源、张西彤、鲍华伟、李倩、罗德朗、刘音初、陈凤英、赵晴涛、曾嘉玲、张彦军，正是由于你们的辛苦努力和默默付出，才有了今天的研究成果，再次诚挚地感谢你们！并衷心祝福你们：前程似锦！皆如所愿！

陈　珂

2025年1月

目录

1

绪论

1.1 研究背景、目的及意义

1.1.1 研究背景

区域尺度的气候变化是构成全球气候变化的重要依据和环节，因此对区域气候变化的研究尤为重要[1]。植被在能量与物质转换过程中起着重要作用，是大空间尺度气候和环境变化的重要驱动因子之一，与地区可持续发展战略有着密切的联系[2]，对区域气候变化与人类生存环境的研究有极高价值。

植被在生物圈的物质循环、能量流动、生态系统稳定性等方面发挥着重要的作用，研究植被的动态变化和气候因子的关系，对区域生态平衡维护有着重要的现实意义[3]。植被覆盖度常用于植被变化、生物量估算、土地利用、水土保持、气候变化以及生态环境等方面的研究[4]。

最新研究报告显示：到21世纪末，气温将比1850—1900年间上升1.5℃[5]。相比全球气候变化，《第二次气候变化国家评估报告》指出：中国的升温趋势与全球基本保持一致，尤其是近50年间显著增温（0.23℃/10a）[5]。北半球中纬度包括欧洲、中亚、北美大部及中国长江以北等地区，受全球气候变暖、人类破坏性活动加剧和工业排放等因素的影响，平均降水呈现出增加的趋势[6]。

此外，植被覆盖的时空变化也是自然与人类活动互动的结果，特别是在人类活动影响日趋剧烈的今天，人类活动的烙印被深刻地记录在植被覆盖的变化之中。但是，目前国内外学者在分析植被覆盖变化时，往往更多地关注气候变化，而对人类活动的影响，如土地利用、植被营造等方面，相对缺乏足够的重视。这往往会影响对植被变化驱动机制分析的客观性[7]。

鄂东大别山地区（黄冈市）位于鄂、豫、皖三省交界地带，在东经114°25′～116°8′、北纬29°45′～31°35′之间，气候类型为亚热带大陆性季风气候，主要表现为全年日照充足，雨热同期，降水量较为充沛[8]。该区域是长江中下游地区重要的生态屏障，且位于我国地理南北分界线之上，具有重要的地理研究价值。对该区域植被与气候变化和人类活动关系的研究具有重要的意义。

1.1.2 研究目的

本书以鄂东大别山地区作为研究区域，针对该区域内最近20年植被覆盖对气候变化的响应机制展开研究，以揭示气候变化对鄂东大别山地区植被覆盖的影响特征，并通过对鄂东大别山地区近20年土地利用变化、水土保持、植被建设等人类活动的量化分析，进而对退耕还林、封山育林等一系列生态工程的生态效益进行客观评价，在此基础上探讨人类活动对植被变化的影响。

1.1.3 研究意义

本书通过对鄂东大别山地区2001—2020年间植被覆盖对气候变化和人类活动的响应机制进行研究，分析其间的相关关系与作用原理，不仅具有一定的理论意义，也具有重要的实践参考价值。

理论意义：通常情况下，植被覆盖度的变化可由地表反照率、粗糙度和土壤湿度等特性的变化反映出来，并且由于这些地表特性的变化，会影响到大气系统的水分和能量收支，因而最终影响到区域气候的演变[9]。植被对土地利用和气候变化等方面的研究具有重要的指示作用[10]，所以研究植被覆盖与气候变化和人类活动的响应机制对区域内自然生态环境变化的分析具有重要意义。对鄂东大别山地区近

20年植被覆盖的动态变化进行研究，有利于在发现区域内植被生长规律的基础上，探索当地气候变化的趋势，进而明确气候变化与植被之间的相互作用关系，为植被覆盖对气候变化的响应机制等相关理论研究的开展提供理论及数据分析依据。

就植被覆盖度的变化驱动因素而言，人类活动和气候变化哪一个影响更大，仍是当前学术界争论的重要议题[11]。温度和降水属于影响植被生长最重要的气象因素，也是研究得最多、统计时间序列最长的因素；相对而言，目前很少有学者对人类活动的影响进行研究[12]。通过对21世纪人类活动对鄂东大别山地区植被覆盖变化的影响进行研究，将区域尺度上的植被变化与全国尺度上的研究对比，形成理论上的区域差异特征，有利于揭示近20年人类活动对鄂东大别山地区植被覆盖的影响程度，丰富植被覆盖变化响应机制的系统理论；有助于了解植被覆盖变化的过程以及如何防止植被退化，并为鄂东大别山地区生态环境建设提供理论依据支撑。

实践意义：鄂东大别山地区位于我国地理南北分界的过渡地带，拥有独特的地质地貌景观以及生物群落，是长江中游以及我国中部地区的主要生态屏障。区域内发源的澴水、举水、倒水、巴河、浠河、蕲水等河流与长江中游共同构成了一个生态系统。全球气候变化以及人类活动的加剧，必然会对区域内的植被生长产生一定影响，而植被作为生态系统的重要组成部分，既是气候与环境变化的承受者，又是人类活动的承载者，能为区域生态环境以及经济发展提供支撑。研究鄂东大别山地区近20年植被覆盖对气候变化的响应机制，分析植被覆盖时空分布的动态特征，对践行绿色发展理念、推进长江大保护与“五位一体”总体布局、促进人与自然和谐发展，具有重要的实践意义。

同时，对最近20年来人类活动对鄂东大别山地区植被覆盖的影响范围和程度进行定量分析，客观评价退耕还林、封山育林等一系列生态工程的生态效益，为实施大别山地区水土保持与生态修复、生物多样性保护、水土流失治理、国土综合整治工程提供理论支持和信息服务，有助于协助当地政府以更大力度、更扎实的举措做好生态修复、环境保护、绿色发展三项工作，助力建设美丽中国。

1.2 国内外研究现状

1.2.1 气候变化对植被盖度影响的国外研究现状

遥感技术是20世纪60年代发展起来的大尺度快捷对地观测新兴技术。目前，遥感已成为获取地球资源环境状况的重要信息手段[13]。归一化植被指数（Normalized Difference Vegetation Index，NDVI）不仅能精准反映出区域植被生长状况以及区域植被覆盖度变化特征，而且具有模拟植物生长、预测植被长势和监测植被生物量等能力[14]，是遥感科学研究的重要指标之一。

20世纪80年代以来，国外学者运用遥感技术研究植被指数变化的理论日渐成熟，技术日渐精进，经过不断发展，取得了一系列重要的研究成果。

在全球尺度下，Idso（1977）和Rasmusen（1998）指出，NDVI值与降水高度相关，但与温度的变化并无显著对应关系[15]。Myneni（1997）[16]与Tucker（2001）[17]通过对北半球NDVI值变化特征的研究，指出北半球NDVI值整体呈上升趋势，且中纬度地区尤为显著。

在不同区域的研究中，Wang（2011）通过对北美洲西北部与东北部植被生长差异的研究与分析，发现其植被覆盖度变化趋势相反[18]；Jing（2011）研究了植被生长与降水、积温等气象条件的关系，指出植被覆盖度的变化与气候因子中的温度和降水明显相关[19]；David K（2021）通过研究阿拉斯加北极国家公园春季NDVI指数差异，发现NDVI值与积雪覆盖等天气变化具有明显相关性[20]；Ayad等（2021）在对伊拉克北部地区的植被覆盖特征进行研究后认为，降水对NDVI值影响的时滞为一年[21]。

以上研究表明，国外学者运用遥感技术对植被覆盖度进行研究的理论已较为成熟，且由于起步早、基础好，相关研究成果不断得到丰富，理论更加完善。综合看来，国外学者通常倾向于研究一定时间尺度内植被覆盖变化的动态规律，且大多数研究表明植被覆盖与降水、气温等气候因子具有一定的相关性。

1.2.2 人类活动对植被盖度影响的国外研究现状

已有的众多研究成果表明，人类活动在全球尺度上对植被覆盖变化的影响越来越显著[22]，这其中由人类活动引发的生物入侵对植被组成可能产生持续的影响，特别是在发生如森林火灾这样的突发事件之后，可能会导致植物组成的改变[23]。历史重建了全新世的植被演替后发现，在早期阶段，气候变化是决定植被演替的主导因素，在后期阶段逐步由人类活动取代[24]。新石器时代晚期、罗马时期、金属世纪、中世纪和工业时期这些著名的文明时期都出现了落叶阔叶林覆盖度下降的现象，说明植被NDVI值变化和土壤侵蚀与人类活动之间具有紧密联系[25]。21世纪初，Evans和Geerken提出了一种可行的研究途径，分析了导致中东草原退化的人类活动因素和气候因素[26]。同样，Cuomo等研究发现，亚平宁半岛南部NDVI值的降低也与人类活动因素、森林火灾具有一定的相关关系[27]。

Omuto等利用NDVI和气候因子除了分析了植被和降水的关系，还分离出了人类活动引起植被变化的区域[28]。Morawitz等在普吉特海湾中部地区进行研究，发现NDVI和人口密度之间存在显著的相关性，这说明人类的一些活动对NDVI会产生一定程度的影响[29]。

与此类似，Boschetti等人研究了非洲地区的植被覆盖影响因素，研究结果显示，在整个研究区域内，植被覆盖与降水呈正相关关系，但在局部地区，植被覆盖异常，与当地的人类活动密切相关[30]。Jeyaseelan等对印度半岛的植被覆盖变化进行了研究，发现植被覆盖的增加与土地覆盖变化有关，而与降雨的相关性不强[31]。Kaufmann等和Piao等认为，长三角、珠三角地区NDVI值下降的主要原因是城市化[32，33]。

1.2.3 气候变化对植被盖度影响的国内研究现状

尽管我国在该领域的研究起步稍晚，但还是有一些学者对植被覆盖时空变化趋势进行了较为深入全面的研究。相关研究指出，我国NDVI值变化在大范围上受水热条件驱动，水热条件成为植被生长和变化的自然限制因子[34]。方精云等（2003）利用1982—1999年的卫星遥感影像数据估算NDVI[35]，发现在时间尺度上，年度NDVI指数增长态势明显，除秋季NDVI指数的变化较不明显外，春季NDVI指数增速最为显著；从空间分布的区域分异来看，1982—1999年间植被覆盖度下降最为严重的地区是我国的长江三角洲和珠江三角洲，应是受到人类活动强烈的影响。邹洪坤（2018）通过对湖北省植被覆盖动态变化的探索，发现从时间相关性上看，年际上气温与植被覆盖的相关性显著，影响着植被的生长变化；降水量与植被覆盖的相关性不显著，对植被的生长作用不明显；季节上，只有冬季的气温与植被覆盖相关性显著，春季的降水与植被覆盖的相关性显著，其他气候因子的表现较差[36]。

胡紫君和胡红兵等（2014）利用遥感影像技术对黄冈市2000—2010年的植被覆盖度进行了研究，发现黄冈市植被覆盖度呈现出先升后降的趋势，但总体向好[37]。黄勇奇和张盛霖等（2015）发现黄冈市植被覆盖度整体良好，2000—2013年黄冈市植被覆盖度年际变化不明显，其中占比较大的为上升趋势，占比较小的为快速上升、下降及急剧下降趋势[38]。

以上研究表明，国内对长时间序列尺度下鄂东大别山地区植被覆盖的相关研究相对较少，虽有部分学者针对植被覆盖度与气候变化的关系进行了研究，并取得了丰硕的成果，但还是远远不够。

1.2.4. 人类活动对植被盖度影响的国内研究现状

人类的生存和发展与资源和环境密不可分。一方面，为了改善生态，人类通过开发资源来获得物质和建设环境；另一方面，资源和环境的质量、数量和分布也限制了人类的生存和发展。二者形成了相互依存、相互关联的关系。这种关系一直是动态平衡的，而人类活动则在这种关系中起着主导作用[39, 40]。植被是陆地生态系统的重要组成部分，自全新世以来，地球表面植被覆盖的变化就“记录”下了人类活动的烙印[41]。随着人口数量的飞速增长，地球表面植被覆盖受到的影响也日益显著[42]。

陈怀亮等的研究揭示了黄淮海地区植被覆盖变化的驱动机制。研究结果显示，该地区的植被覆盖主要受到气候和人类活动的共同影响，其中气候是主要的驱动力，而人类活动在局部区域则发挥着较大的作用[43]。国志兴等的研究指出，东北地区植被覆盖度下降是人类活动和自然因素综合作用的结果[44]。除此之外，李文龙等在玛曲县开展了草地植被覆盖的研究，他们发现玛曲县草地呈现出了退化的趋势，而退化的主要原因是玛曲县的人类活动在逐步破坏草地的植被。他们进一步量化分析，证明了人类活动对玛曲县的高寒草地生态环境产生了重大影响[45]。

人类活动不仅对草地的植被有影响，还会引发干旱区植被的各种问题。贾艳红等对黑河下游的干旱区植被覆盖进行了研究，发现黑河下游地区的人类活动不仅使植被减少，还诱发了沙漠化、干旱区的蔓延[46]。丁明军等人为了探索人类活动对高原植被的影响机制，在青藏公路沿线展开研究，研究结果显示，人类活动越频繁的地域，人类活动对植被覆盖变化的影响越显著；而在可可西里这类人迹罕见的地区，人类活动的影响微乎其微[47]。黄靖等对武汉市植被覆盖度的研究也印证了上述结论，他们总结归纳发现，城市植被覆盖变化的重要原因之一就是人类活动的影响[48]。

另一方面，人类活动对植被的影响不全是负面的。随着国家退耕还林政策的实施，以及近年来人们对生态环境的重视，人们越来越多地参与到环境改善中来，国内的研究者惊喜地发现，人类活动对植被覆盖的正向影响越来越多。于小飞等对乌审旗植被覆盖度的动态变化进行研究后发现，人类活动的积极影响使得植被覆盖度总的趋势在提升[49]。李登科的研究显示，陕北黄土丘陵沟壑区植被覆盖的变化与该地区进行的还林禁牧等生态建设工程存在一定的关联。此外，对陕西省植被覆盖度变化特征的研究也表明，陕西省植被覆盖度的提升是人类活动和自然因素共同作用的结果。其中，封山育林、退耕还林还草等一系列生态建设工程的实施是陕北地区植被覆盖度提升主要的推动因素[50]。杨广华等的研究表明，农业生产水平的提高使新疆农业灌溉区植被覆盖度不断上升，大规模实施的生态建设工程所带来的良好的保护效应正在逐步体现[51]。

1.2.5 研究评述

国外学者基于遥感技术对植被覆盖的研究成果颇丰，在气候因子与植被覆盖的相关性方面进行了一系列探索，为该领域的相关研究奠定了理论基础；国内学者在植被覆盖与气候等变化的相互关系方面的研究也取得了丰硕的成果，但对长时间序列尺度下我国南北地理过渡带的鄂东大别山地区植被覆盖的相关研究相对匮乏（时间尺度上多截至2010年左右）。近年来，气候变化对植物生长的影响趋于加剧，且鄂东大别山地区在我国地理格局上具有特殊地位，针对该区域长时间序列尺度下的植被覆盖对气候变化的响应机制的研究极为必要。为此，本书针对鄂东大别山地区近20年植被覆盖对气候变化的响应展开研究，以丰富对这一区域的相关研究成果。

对于人类活动对植被变化的影响，一部分国外文献利用残差分析方法提取退化区域的人为因素，但是只考虑了降水的影响。此外，部分国外学者考虑了火灾等突发性事件对植被覆盖的影响，并补充了这一领域的理论基础。国内学者关于区域尺度上人类活动影响的研究相对丰富一些，分别基于相关区域进行了详细的研究，并取得了较多的成果。但对作为华中地区生态屏障的鄂东大别山地区植被覆盖的相关研究相对匮乏。21世纪以来，鄂东大别山地区的人类活动日益频繁，且近年来国家对生态环境日益重视，并积极落实相关行动，这对该区域植被覆盖度的提升起到了一定的推动作用。鉴于鄂东大别山地区在我国地理和气候格局上的特殊地位，加之21世纪人类活动对鄂东大别山地区植被覆盖变化的影响的研究相对不足，因此有必要深入开展该区域人类活动对植被覆盖度变化作用机制的相关研究。

1.3 研究内容、方法与步骤

1.3.1 研究内容

根据本书的研究目的，结合当前对鄂东大别山地区植被和气候的研究现状，本书拟开展以下方面的深入研究：

（1）通过遥感、地理信息系统方面的相关软件（如ENVI、ArcGIS等软件），并结合数学统计方法，对鄂东大别山地区2001—2020年间的植被覆盖度进行估算，并分析其时空变化趋势与规律。

（2）综合运用GIS空间分析手段和RS技术，对鄂东大别山地区近20年平均气温、降水和日照的变化状况进行空间分析。

（3）将根据估算得出的鄂东大别山地区2001—2020年的植被覆盖度数据，与主要气候因子数据的变化趋势与规律相结合，研究二者之间的相关性，从而探索植被覆盖对气候变化的响应机制。

（4）基于最近20年的长时间序列降水、积温空间分布数据，并结合植被覆盖数据，通过模型模拟人类活动对植被覆盖变化的影响程度。

（5）通过NDVI回归残差运算，模拟人类活动对不同地理空间单元植被覆盖变化的影响，并分析其原因。

1.3.2 研究方法

（1）文献研究法：本书以气候变化和人类活动对植被覆盖变化的影响为研究主题，在文献收集的过程中采用了多种途径，包括图书馆、数据库、期刊、文献、会议论文、硕博论文等资料，以便获取尽可能全面和准确的信息。通过对文献进行仔细阅读和分析整理，本研究借鉴了其中较为先进的研究思路和方法，进一步完善和充实了本研究的理论框架和研究方法。在此过程中，利用各种文献分析工具和技巧，如引用分析、主题分析、文献计量分析等，以便更深入地理解和解释植被覆盖变化的影响机制和规律。同时，在文献研究的基础上进行了实证研究和案例分析，以验证和支持文献研究的结论和发现，从而提高本研究的可信度和说服力。

（2）比较分析法：根据2001—2020年鄂东大别山地区植被覆盖度变化特征以及降水量、积温和日照时数变化特征，分析植被覆盖度变化与主要气候因子的相互关系，探讨鄂东大别山地区植被覆盖度的时空变化趋势与植被覆盖度对气候变化的响应机制。

（3）GIS空间分析法：获取归一化植被指数，从而估算植被覆盖度，主要依据2001—2020年间Landsat卫星遥感影像数据进行计算；根据研究区域的高程数据提取出不同流域，从流域的视角分析主要气候因子的时空变化特征。

（4）图表分析法：利用GIS空间分析法得出的数据，仅能进行单纯的时间或空间分析，无法获知其内在联系特征，因此需将各数据转换为图表形式，根据图表数据分析其联系特征，如绘制散点图、折线图、趋势图等。

（5）实地调查法：仅通过遥感影像数据估算植被覆盖度，通过气象台站数据分析气候分布特征，是不足以论证其真实变化规律的，尤其是研究区域内地理环境复杂的特殊地区，因此需进行实地调查。结合本书的研究需要，我们分阶段进入大别山区域内具有典型特征的地点，对遥感影像以气候数据得出的结果进行验证。

（6）相关分析法：偏相关分析是指当两个变量同时与第三个变量相关时，将第三个变量的影响剔除，只分析另外两个变量之间相关程度的过程，用偏相关系数描述。偏相关系数的计算公式为：

$$R_{xy,z} = \frac{R_{xy} - R_{xz}R_{yz}}{\sqrt{(1 - R_{xz}^2)(1 - R_{yx}^2)}} \tag{1-1}$$

式1-1中，R_{xy}、R_{xz}、R_{yx}分别表示变量x和变量y、变量x和变量z、变量y和变量x的单相关系数，各个变量的相关系数按公式计算获得；$R_{xy,z}$为将变量z固定后变量x与变量y的偏相关系数，其取值范围为$-1<R<1$。如果$R>0$，表示两个变量呈正相关关系；如果$R<0$，表示两个变量呈负相关关系，即一个变量变大，另一个变量则变小；如果$R=0$，说明两个变量不存在线性相关性，但并不能否定没有其他相关性存在。

（7）Sen斜率分析法

Theil-Sen方法是一种常用的非参数方法，它可以用于识别和估计NDVI时间序列中的趋势。Theil-Sen方法基于中位数差分的原理，计算数据中所有可能的数据点对的斜率，然后选择中位数斜率作为估计的趋势值。其具体实现过程如下：对于给定的NDVI栅格数据，计算出每个像元在时间序列上的值。对于每个可能的数据点对，计算出其斜率。对所有可能的斜率求中位数，得到估计的趋势值。可以通过计算中位数斜率的置信区间来进行统计显著性检验。其计算公式为：

$$\beta = mean\left(\frac{x_j - x_i}{j - i}\right),\ \forall j > i$$

式中：x_j和x_i为时间序列数据。β大于0表示时间序列呈上升趋势；β小于0预示时序下降。

（8）MK趋势检验（Mann-Kendall）

MK趋势检验是一种常用的非参数方法，可以用于识别和估计时间序列中的趋势。该方法可以用于识别单调趋势（上升、下降或没有趋势），而不需要对趋势形式作出任何假设。其具体实现过程如下：①对于给定的NDVI栅格数据，计算出每个像元在时间序列上的值；②计算出每个时间点的秩次，并计算出所有可能的数据点对的符号差；③计算出MK统计量，转换成显著性水平。

如果计算后的显著性水平小于预设的显著性（通常为0.05或0.01），则可以认为NDVI时间序列中存在趋势。

其过程如下：对于序列 $x_t = x_1, x_2, \cdots, x_n$，先确定所有对偶值（$x_i$，$x_j$，$j>i$）中 x_i 与 x_j 的大小关系（设为S）。做如下假设：H_0，序列中的数据随机排列，即无显著趋势；H_1，序列存在上升或下降趋势。

（9）MATLAB计算

MATLAB是以矩阵运算和向量化编程为原理的数学计算软件和科学工程领域的计算软件。它具有简单易用、高效、可视化能力强、应用广泛的优势。它提供了许多内置函数和工具箱，可以帮助用户快速构建和解决复杂的数学和工程问题。用户可以通过简单的命令行或图形用户界面（GUI）进行交互式计算。

MATLAB的矩阵计算引擎被升级到使用高度优化的矩阵和向量运算，从而提高计算速度。此外，MATLAB还具有可扩展性，允许用户使用C语言或Fortran语言编写高性能函数。同时，为了方便用户创建各种图表，包括二维和三维图形，以及动画和交互式应用程序，它提供了广泛的绘图和可视化工具。MATLAB在数学、工程、自然科学、生命科学、金融、计算机科学、数据分析等领域都有广泛的应用。它的内置函数和工具箱包括许多专门为特定应用领域设计的函数和工具。

本书运用MATLAB内置的geotiffread函数、importdata函数等多个函数进行NDVI变化趋势的Sen方法计算、MK趋势检验以及残差分析。

（10）残差分析法

残差分析法通常以栅格尺度为基础，通过对植被NDVI与降水、积温等气候指标进行回归分析，得出每个栅格NDVI的预测值。这个预测值可以被视为气候因子对NDVI的影响。然后，通过将遥感观测的NDVI真实值减去NDVI预测值，可以获知人类活动对NDVI的影响。本研究主要考虑降水和气温两个因子，具体计算公式如下：

$$NDVI_{sim} = \alpha * T + \beta * P + c$$

$$NDVI_{res} = NDVI_{obs} - NDVI_{sim}$$

式中：α、β和c为多元线性回归模型参数；T、P分别为年平均气温、年总降水量；$NDVI_{sim}$和$NDVI_{obs}$分别为NDVI预测值和NDVI观测值；$NDVI_{res}$为残差；当$NDVI_{res}>0$时，表示人类活动对NDVI的变化产生积极的正面影响；当$NDVI_{res}<0$时，表示人类活动对NDVI的变化产生负面影响[34]。

1.3.3 研究步骤

根据研究的背景、目的、意义，结合研究内容，确定研究步骤如下：

（1）搜集和阅读相关文献，对已有的研究成果进行分析与梳理，选取适用于本书的研究方法、理论及相关技术，并结合所学知识，进一步明确研究思路和方法。

（2）利用相关数据网站选取研究所需的各项数据，在评估其可信度之后，下载各年遥感影像与气象数据，并进行预处理。

（3）通过对2001—2020年Landsat遥感影像数据的处理，估算出逐年植被覆盖度。

（4）对主要气候因子的时空变化趋势及规律进行分析，初步得出结果。

（5）结合2001—2020年间植被覆盖度数据与主要气候因子数据，分析植被覆盖度与气候变化的关系，探索其响应机制。

（6）通过气象数据构建气候因子与NDVI的回归关系模型，计算残差后进行回归分析，并在此基础上分析鄂东大别山地区的植被覆盖变化、气候变化情况以及人类活动在其变化过程中的作用。

根据研究内容和方法，绘制本书的研究技术路线图，如图1-1和图1-2所示。

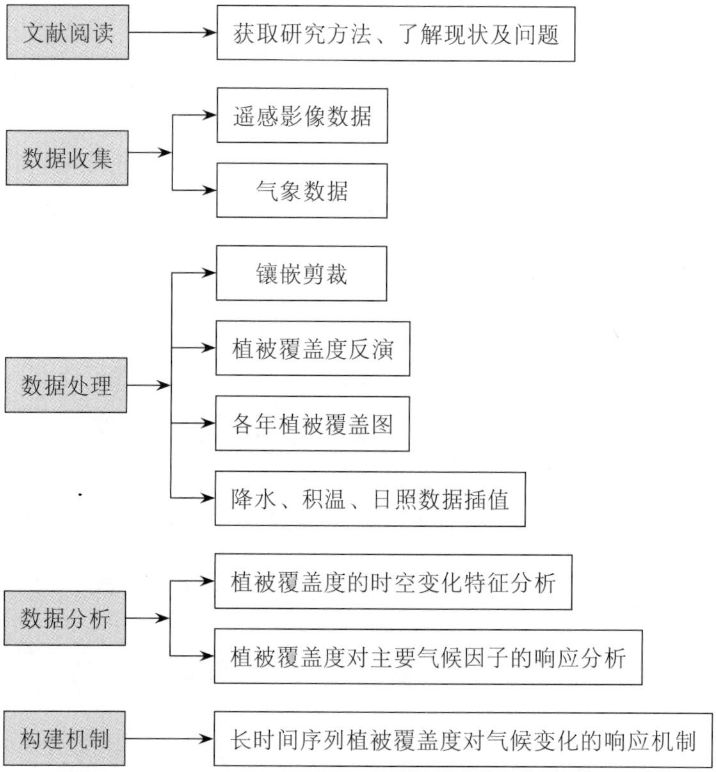

图1-1　植被覆盖度对气候变化响应研究的技术路线图

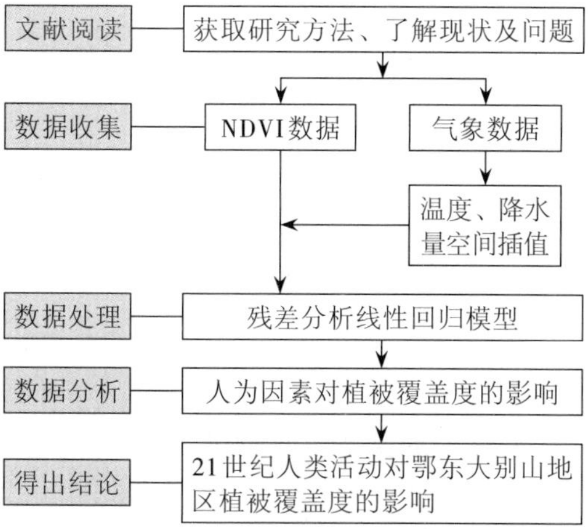

图1-2　植被覆盖度对人类活动响应研究的技术路线图

1.4　本章小结

在衡量一个地区的植被生长状况时，从研究植被覆盖度与气候变化和人类活动之间的关系的角度入手，是合理可行的。本章结合国内外相关研究进展及成果，结合研究区域的实际情况，从研究内容的理论及实践意义、研究的方法和步骤方面展开论述，主要包括以下研究内容：

（1）论述了鄂东大别山地区重要的地理意义及其对我国自然环境所起的作用、区域内植被覆盖度的变化所反映出的地理事实。

（2）论述了在鄂东大别山地区对植被覆盖度开展研究的理论及实践意义，结合之前对此区域的研究，阐明针对植被覆盖度与气候变化和人类活动的相关性进行研究的必要性。

（3）结合鄂东大别山地区的实际情况，对本书的研究内容、方法与步骤进行了梳理与说明，论证其合理性。

（4）根据研究区域的现状以及研究内容与方法，明确了本书的研究目标，为本书后续章节的论述构建了基本框架。

2

理论基础与概念

当前已发展出多种用于估算植被覆盖度与气候变化相关性的理论与方法，其中植被覆盖度与气候因子既是评价自然环境变化的指标，也是反映区域生态变化的元素[9]。明确相关理论的基础与概念，对深入分析鄂东大别山地区植被覆盖状况与气候变化之间的关系有极大帮助。

2.1 理论基础

植被覆盖度的地面测量耗时长、成本高[52]，遥感估算常用于区域尺度，并能进行定期监测。目前，较为实用的方法是基于遥感影像数据，利用植被指数估算植被覆盖度。植被生长与气候密切相关，气候是影响植被覆盖度和地理空间分布状况的重要因素之一[9]。但通常而言，在地理环境不同的区域，其植被生长状况对气候的响应程度存在差异，且气候因素的时空分异也会对植被生长状况产生不同的影响。所以研究植被覆盖度对气候变化的响应特征，不仅能为研究区域自然环境保护提供重要的决策支持，也能对当地的社会经济发展起到促进作用。

目前，运用遥感技术对植被覆盖度进行估算的方式中，较为常用的是利用归一化植被指数（NDVI）近似值估算[53]。徐勇等（2021）通过MODIS数据及Theil-Sen Median等模型对2001—2019年西南喀斯特地区NDVI值与气候变化的响应关系进行研究，得出如下结论：植被生长状况与降水量、积温及日照时数等气候因子变化之间存在相关性，且具有明显的空间异质性[54]。由此可见，采用NDVI对植被覆盖度进行的估算的方式已较为成熟。为此，笔者决定选用2001—2020年多时相Landsat数据产品，运用NDVI近似值对研究区域20年来的植被覆盖度进行估算。笔者选取研究区域及周边9个气象台站的气象数据，运用反距离平均法[55]，通过GIS空间分析手段对气象数据进行空间插值分析，并对研究区域2001—2020年降水量、积温及日照时数的空间分布规律进行分析。

2.2 相关概念

2.2.1 遥感影像监测技术

目前，测算植被覆盖度较为成熟的技术是采用卫星遥感影像获取地面信息，并针对信息进行专题提取。这种方式准确、快速，尤其是针对大尺度区域进行植被覆盖度测算时，遥感技术能充分发挥其优势[56]。

在云量、太阳方位角、季节等环境因子基本一致的情况下，地面辐射亮度与反射率的变化能在一定程度上反映出植被覆盖度的变化状况。目前，常用归一化植被指数（NDVI）来估算植被覆盖度，它是反映植被生长状况的重要指标[53]。当太阳辐射到植物叶片表面时，植物将大部分可见红光吸收，将大部分近红外光反射回来，由此可以测算出植被覆盖状况。此外，由于土壤会产生一定的辐射，故应去除土壤的光谱特征属性，从而提取出可用于估算的植物光谱特征属性。NDVI对土壤反射波段具有突出的识别能力，因此对近红外波段与可见红光波段的反射率进行线性或非线性组合，可有效消除上壤光谱对计算的影响[57]。

2.2.2 归一化植被指数

本书选用归一化植被指数对植被覆盖度进行估算，NDVI作为目前已定义出的40多种植被指数之一[58]，在植被指数中处于重要地位，长期用于对植被变化状况的监测。NDVI既能消除卫星观测角、太阳方位角、云影、地形起伏等因素给数值计算带来的误差，也可较好地反映植被覆盖度状况。NDVI值的计算公式如下：

$$NDVI=(NIR-RED)/(NIR+RED) \tag{2-1}$$

在式2-1中，NIR指近红外光波段，RED指可见红光波段，NDVI即NIR与RED数值之差同二者数值之和的比值。

为避免数值差异较大给计算与分析带来不便，NDVI取值范围为[-1，1]的归一化区间。当取值范围为[-1，0]时，意为可见光具有高反射性特征，表明地物覆盖为水、雪、云等；当取值为0时，意为NIR与RED值近似，表明地物覆盖为岩石、裸土等；当取值范围为[0，1]时，表明地表有植被覆盖，且数值越大，植被覆盖程度越高。

2.2.3 反距离权重法

反距离权重（IDW）是一种常用的GIS空间分析方法，用于根据近邻点平均值对未知点进行估算。反距离平均法的计算公式如下：

$$Z(X_0)=\left[\sum_{i=1}^{n}\frac{z(x_i)}{(d_{i0})^p}\right]/\left[\sum_{i=1}^{n}\frac{1}{(d_{i0})^p}\right] \tag{2-2}$$

在式2-2中，$Z(X_0)$为x_0处的估计值；n为预测点周围参与预测的站点数量；$z(x_i)$为x_i处实测值；d_{i0}为预测点x_0与已知样点x_i之间的距离；p为距离的幂，通常令$p=2$。其以空间差值与样本点间的距离为权重进行加权平均，离差值点越近的样本点赋予的权重越大[59]。

2.2.4 残差分析方法

残差分析方法是基于时间序列回归模型的分析方法，可以将植被指数（如NDVI）作为因变量，将气候因素（如温度、降水等）和人类活动因素（如土地利用变化、开采等）作为自变量，建立回归方程，从而确定各个因素对植被动态变化的相对贡献。首先建立时间序列回归模型，并利用该模型拟合真实的植被指数值，然后计算模型拟合值与真实值之间的残差。接下来，将人类活动因素逐一加入回归模型中，通过比较加入因素前后残差大小的变化，定量区分人类活动因素对植被动态变化的相对贡献[60]。

残差分析方法建立在多元回归分析的基础上，旨在进一步细化自然因素和人为因素的贡献程度。

多元回归的分析方法是探讨一个或多个自变量对一个因变量的影响的一种统计分析常用方法。在植被动态变化的研究中，因变量是植被变化的总量，自变量包括自然因素和人为因素等。

具体地，多元回归模型可以表示为：

$$Y = \beta_0 + \beta_1 X_1 + \beta_2 X_2 + \cdots + \beta_n X_n + \varepsilon \qquad (2-3)$$

式中，Y表示因变量（植被变化的总量），X_1、X_2，…，X_n表示自变量（自然因素和人为因素等），β_0、β_1、β_2，…，β_n表示自变量对应的回归系数，ε表示误差项。

通过多元回归分析，可以测算出每个自变量对植被变化的贡献程度，然后将其分解为自然因素和人为因素两部分，从而定量区分它们的相对贡献。残差分析方法则是在多元回归模型的基础上，对残差进行统计分析，进一步确定自然因素和人为因素的相对贡献。

2.3 本章小结

遥感影像监测技术已是比较成熟的地理技术，归一化植被指数与反距离权重法是研究一个区域植被覆盖状况空间表现形式的重要技术方法。将遥感影像监测技术、归一化植被指数与反距离权重法用于区域植被覆盖状况的监测与分析上是可靠、有效的。本章侧重于介绍本书所涉及的理论基础与概念，主要包括以下内容：

（1）遥感影像监测技术能够在大尺度空间上对地表覆盖物进行监测，可对地表覆盖物进行直观的分析与描述。本书运用遥感影像监测技术对地表的植被覆盖状况进行监测，主要是运用植物叶片反射波段的特性开展研究。

（2）归一化植被指数的运用较为广泛且可靠，能够对地物反射波段进行识别，反馈出地表植被覆盖状况，为本书的研究提供了重要技术支撑。

（3）论述了反距离权重法对从空间角度分析气候因子变化特征的作用。

（4）论述了运用残差分析方法测算人类活动对植被覆盖度影响的原理、方法、具体公式和步骤。

3

研究区概况和数据来源

鄂东大别山地区位于我国地理南北分界线上，其独特的地理环境和极高的研究价值使其成为一个值得探究的区域。研究该地区的植被覆盖状况不仅有极高的实践价值，而且具有一定的挑战性。要进行植被覆盖状况研究，数据的来源和处理是必不可少的，也是展开研究的必要前提和基础。考虑到针对鄂东大别山地区的研究相对较少，结合鄂东大别山地区相关数据的可得性，本书选择以黄冈市为主体的鄂东大别山地区作为研究区域，并结合研究的时效性、合理性和数据可得性，以2001—2020年间的近20年为研究时段，针对该区域内气候变化与人类活动对植被覆盖的影响展开研究。本章将就研究区域概况、研究数据来源与研究数据预处理情况进行说明。

3.1 研究区概况

3.1.1 地理位置

黄冈市位于湖北省东部、大别山以南、长江中游以北，在北纬29°45′~31°40′、东经114°24′~116°07′之间。黄冈市行政面积约1.74万平方公里，辖一区（黄州区）、二市（麻城市、武穴市）、七县（红安县、团风县、罗田县、英山县、浠水县、蕲春县、黄梅县）、一个县级管理区（龙感湖管理区）。

3.1.2 气候特征

黄冈市属亚热带季风气候，江淮小气候区。区域内全年降水量充沛，雨热同期，气温年较差较小，光照丰富，四季分明[8]。总体上，降水量与气温在空间上呈西北向东南递增的分布特征，日照呈西北向东南递减的分布特征。

3.1.3 水系特征

黄冈市南依长江，河湖众多。境内自西向东纵向分布有倒水、举水、巴河、浠水、蕲水五条长江一级支流，均发源于大别山；分布有赤东湖、武山湖、太白湖、龙感湖等大型湖泊以及金沙河、浮桥河、白莲河等大型水库。东南部的武穴市、黄梅县一带河湖密布，港汊纵横，多为民垸、围堰以及废弃河道、人工沟渠。

3.1.4 地形地貌

黄冈市的地形地貌主要分为山地、丘陵和平原三种类型。其中，山地约占34.2%，丘陵约占43.3%，平原约占12.2%。整个地势从东北向西南倾斜，中部为低山丘陵，平均海拔在300米以下。东北部为大别山脉核心区域，最高点是海拔为1 729.13米的天堂寨，位于黄冈市罗田县与安徽省六安市金寨县交界处。而西南部、东南部以及长江沿岸平均海拔为10～30米，大部分为平原。由于地形地貌的多样性，黄冈市拥有丰富的自然景观，如山峦起伏、河流纵横、平原辽阔等。同时，地形地貌的差异也对当地的经济和文化发展产生了影响。山地和丘陵地区以林业、旅游开发为主，而平原地区则以农业为主要产业[61]。

3.1.5 植被概况

黄冈市植被分为14个植被型、19个群系组以及70个群系。区域内以亚热带常绿阔叶林为主，亚热带常绿落叶阔叶混交林、亚热带落叶阔叶林、亚热带常绿针叶林及竹林等均有分布。农业植被以双季稻为主，水旱轮作、旱作植被均有分布。经济林以常绿经济林为主[62]，对黄冈市的经济发展具有重要意义。

黄冈市作为大别山革命老区，社会经济发展相对落后，由于生态限制开发，导致生态保护和社会经济发展之间的矛盾突出。近年来，黄冈市部分地区非法占用林地、滥伐林木现象较为突出，严重破坏了森林资源，导致水土大量流失，生态环境趋于恶化[63]。

3.1.6 人口及社会经济情况

根据2020年第七次全国人口普查数据，黄冈市总人口为6 174 200人，其中男性人口为3 128 600人，女性人口为3 045 600人，性别比为102.7。黄冈市各区县常住人口及变化情况见表3-1。

表3-1 黄冈市各区县常住人口及变化情况

地区	常住人口/人	比重/%	
		2020年	2010年
全市	5 882 719	100.00	100.00
黄州区	456 862	7.77	5.95
团风县	266 218	4.53	5.50
红安县	510 189	8.67	9.77
罗田县	473 195	8.04	8.84
英山县	310 180	5.27	5.80
浠水县	716 273	12.18	14.16
蕲春县	792 101	13.46	11.81
黄梅县	787 783	13.39	13.94
麻城市	893 654	15.19	13.78
武穴市	676 264	11.50	10.46

在人口结构方面，黄冈市的人口主要由汉族组成，少数民族包括土家族、苗族、回族、壮族等。在年龄结构上，黄冈市有着较为典型

的老龄化趋势，中老年人口占比较高，而青少年人口相对较少。

在空间分布特征方面，黄冈市的人口分布呈现出一定的不均衡性。全市常住人口中，居住在城镇的人口为2 797 377人，占47.55%；居住在乡村的人口为3 085 342人，占52.45%。市区和县城的人口密度相对较高，而农村地区人口密度较低。其中，市区的人口密度最高，人口分布比较集中；而县城的人口密度相对较低，主要是由于县城分布比较分散，而且部分县城相对较小。

此外，由于黄冈市地处湖北省的中南部，气候温和，物产丰富，因此吸引了大量人口聚集。同时，黄冈市也是交通枢纽，公路和铁路网密布，交通便利，这也为人口流动提供了便利条件。

黄冈市是湖北省的一个中心城市，其经济结构包括工业、农业和第三产业。近年来，随着城市化进程的加快和政府扶持政策的推动，黄冈市的工业、农业和第三产业都有了不同程度的发展。

黄冈市的工业主要集中在市区和县城，工业门类较为齐全，涵盖机械制造、化工、纺织等多个领域。其中，机械制造业是黄冈市的传统支柱产业，占据了工业总产值的相当比例；近年来，化工行业得到了政府的大力支持，发展迅速，出现了一批规模较大的化工企业；纺织业则是黄冈市的新兴产业，近年来得到了较快的发展。黄冈市2001—2020年各主要产业生产总值见表3-2。

表3-2　**黄冈市地区生产总值**　单位：亿元

年份	地区生产总值	第一产业	第二产业	第三产业	农林牧渔业	工业	人均地区生产总值（元/人）
2001	105.9	98.5	110.1	111.6	98.5	109.8	3 549
2002	105.9	101.6	106.0	110.5	101.6	106.3	3 759

续表

年份	地区生产总值	第一产业	第二产业	第三产业	农林牧渔业	工业	人均地区生产总值（元/人）
2003	106.7	104.3	107.6	108.3	104.3	107.7	3 978
2004	108.2	102.3	116.1	108.2	102.3	115.7	4 811
2005	109.2	104.3	115.5	108.7	104.3	116.8	5 179
2006	115.2	102.7	122.5	119.9	102.7	122.2	6 081
2007	114.1	109.3	120.6	112.1	109.3	118.3	7 368
2008	114.5	106.0	119.8	115.6	106.0	126.9	9 331
2009	115.0	105.1	124.4	112.7	105.1	125.0	10 863
2010	114.3	103.2	118.9	116.2	103.3	121.5	13 322
2011	114.1	103.3	120.5	115.1	103.2	121.6	16 767
2012	109.9	103.5	113.0	110.5	103.5	113.3	18 997
2013	112.1	103.7	115.1	113.8	103.7	116.2	21 188
2014	110.3	104.0	111.6	112.5	104.0	110.7	23 465
2015	109.3	104.0	108.3	113.4	104.0	108.7	25 261
2016	107.6	103.0	106.5	111.2	103.0	107.7	27 444
2017	107.6	103.1	108.2	109.3	103.5	108.0	30 637
2018	107.2	102.0	107.4	109.6	102.4	107.4	34 247
2019	106.8	103.2	107.6	107.6	103.5	108.3	36 685
2020	93.4	99.6	90.6	93.3	100.3	92.1	35 784

黄冈市的农业以种植业为主，其中以水稻、小麦、玉米等粮食作物为主。除此之外，黄冈市的畜牧业和水产养殖业近年来也得到了较快发展。黄冈市的农业主要分布在市区和县城周边的农村地区，农业

生产比较集中，但是由于农业用地的减少和城市化进程的加快，农业生产逐渐向郊区和乡村地区转移。

近年来，黄冈市的第三产业发展较为迅速，主要包括商贸、服务业和旅游业等。其中，商贸业发展较为成熟，主要分布在市区和县城，包括商场、超市、酒店等。服务业也得到了政府的大力支持，涵盖金融、物流、信息技术等多个领域。旅游业则是黄冈市的新兴产业，黄冈市拥有丰富的自然和人文旅游资源，发展前景广阔。第三产业的发展主要集中在市区和县城，但近年来服务业和旅游业也开始向农村地区扩展。

3.2 数据来源

3.2.1 遥感影像产品

本书遥感影像采用由地理空间数据云网站提供的2001—2020年的Landsat系列产品，空间分辨率为30m×30m。其中，2001—2011年采用Landsat 4-5TM卫星数据产品，2012年采用Landsat 7 ETM SLC-OFF卫星数据产品，2013—2020年采用Landsat 8 OLI_TIRS卫星数据产品，时相均为各年5—9月。研究区域各年均由三景影像拼接而成，共计60景。

3.2.2 气象数据

由于中国气象数据网提供的相关产品因国家安全需要而暂停开放下载，本书采用的气象数据均选用由美国国家海洋和大气管理局（National Oceanic and Atmospheric Administration）下属美国国家气候数据中心（National Climatic Data Center）的公开FTP服务器提供的3

小时开放数据；选用2001—2020年间鄂东大别山地区及周边的9个气象台站，即信阳（57297）、大悟（57395）、麻城（57399）、孝感（57482）、武汉（57494）、霍山（58314）、英山（58402）、阳新（58500）、九江（58502）相应时段的降水量、积温及日照时数的日值数据。

3.2.3 矢量数据

本研究采用的矢量文件由国家基础地理信息中心提供，研究区域的边界数据来自使用ArcGIS提取出的黄冈市行政边界图。考虑到人类的社会经济活动往往都是基于行政边界展开的，为此，需要将黄冈市下辖各区县边界矢量数据裁剪成相应的植被、气候数据，用于分析各地理单元的气候变化和人类活动对植被变化的影响（效应）。

3.2.4 高程数据

经综合对比分析，空间分辨率为30m×30m的ASTER GDEM产品适用于本书研究。它能充分精确地反映研究区域的实际高程数据[54]，因此本书的数字高程模型选用ASTER GDEM产品数据。

3.2.5 人口及地区经济数据

本研究的数据来源于国家统计局发布的“统计年鉴”，该年鉴收录了各省市、县区的大量统计数据。本研究所使用的数据主要是年鉴中有关黄冈市人口、经济指标的数据。这些数据经过国家统计局严格的采集、核对和统计处理，具有较高的可信度。在本研究中，我们仔细地筛选和清洗了这些数据，以确保数据的准确性和完整性。同时，在使用这些数据时，我们也进行了相应的数据分析和处理，以保证数据的有效性和科学性。其主要数据来源参见表3-3。

表3-3 **主要数据来源**

数据名称	类型	精度	数据来源
遥感影像	栅格	30m×30m	地理空间数据云网站
降水	栅格	30m×30m	美国国家气候数据中心
积温	栅格	30m×30m	美国国家气候数据中心
矢量边界	矢量	1：10万	国家基础地理信息中心
DEM	栅格	30m×30m	地理空间数据云网站
人口	数字	行政区县	黄冈2021年统计年鉴
生产总值	数字	行政区县	黄冈2021年统计年鉴

3.3 数据预处理

为使获取的数据满足模型计算或分析的要求，需要对相关遥感影像数据进行诸如辐射定标、大气校正、拼接裁剪等预处理操作，并对人口和主要社会经济数据进行分类、归档处理。

3.3.1 植被数据预处理

植被数据预处理主要涉及对2001—2020年间研究区域植被NDVI值的计算、植被覆盖度反演、气候数据的格式转化和插值、流域单元边界提取等环节。

3.3.1.1 遥感影像预处理

本研究采用了Exelis公司研发的ENVI5.3软件，该软件是一种功能强大的遥感影像处理软件。对Landsat遥感影像进行处理，第一步是辐射定标，将需要的反射率数据由原始数据转化，而后进行图形的拼接。在拼接完整图像后，对拼接图像进行裁剪，以研究黄冈市的植被覆盖情况。通过将拼接图像按照黄冈行政边界裁剪，我们得到了黄冈市遥感影像。该影像覆盖范围精确，可以满足研究需求。植被数据预处理过程如图 3-1 至图 3-4 所示。

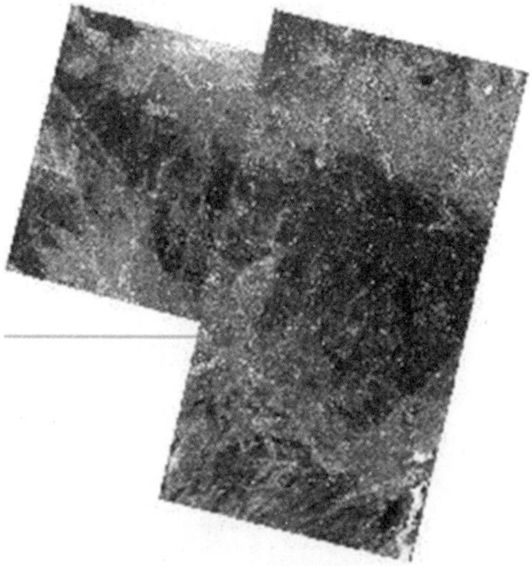

图 3-1 辐射定标

图 3-2 图像镶嵌

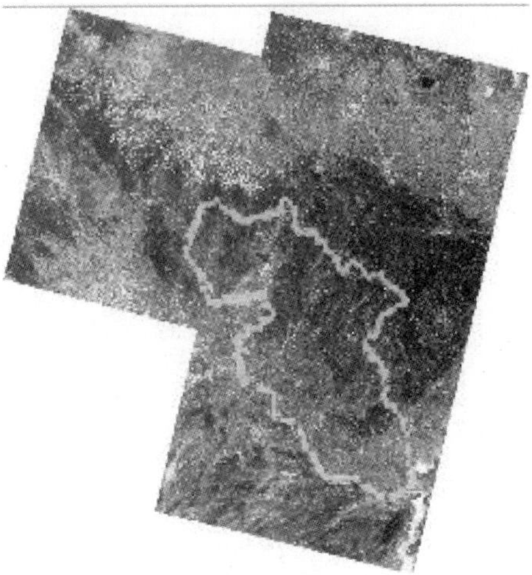

图 3-3　图像裁剪

图 3-4　研究区植被覆盖度

3.3.1.2　植被覆盖度计算

运用ENVI5.3软件对植被覆盖度进行计算，完成影像预处理环节之后，采用Band Math波段计算工具对逐年归一化植被指数（NDVI）进行计算。NDVI的计算方如下：

$$NDVI=(NIR-RED)/(NIR+RED) \tag{3-1}$$

完成NDVI计算之后，按照实际结果将异常值去除，利用NDVI进行植被覆盖度的估算。FVC为植被覆盖度（%），$NDVI_{max}$与$NDVI_{min}$分别指NDVI的最大值与最小值。通常，取一定置信度范围内的最大值与最小值，本书采用累计概率5%与95%作为$NDVI_{max}$与$NDVIM_{in}$。运用ENVI5.3软件中的Compute Statistics工具得出NDVI的累计概率分布，进而得出$NDVI_{max}$与$NDVI_{min}$。植被覆盖度的计算公式为：

$$FVC=(NDVI-NDVI_{min})/(NDVI_{max}-NDVI_{min}) \tag{3-2}$$

完成计算之后，运用ESRI公司研发的ArcMap10.6软件制作植被覆盖度图。运用ArcMap中的重分类工具，将植被覆盖度按0至100%均等划分为10级，逐年制作出黄冈市2001—2020年的植被覆盖度图，以便进行直观的分析比较，如图3-5和图3-6所示。

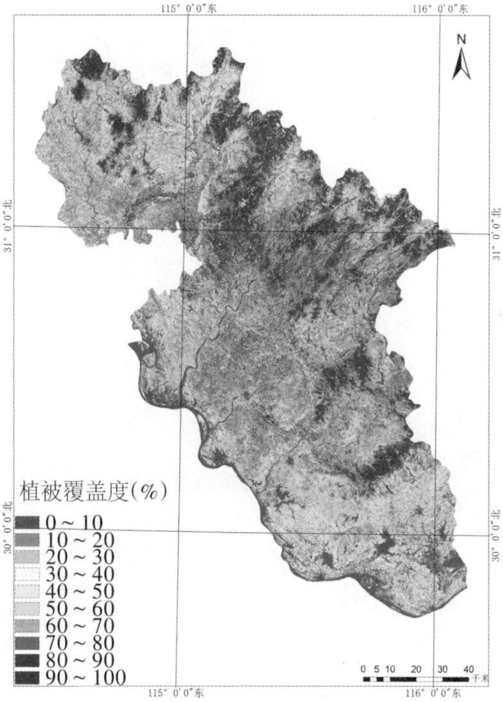

图3-5　黄冈市2001年植被覆盖度图

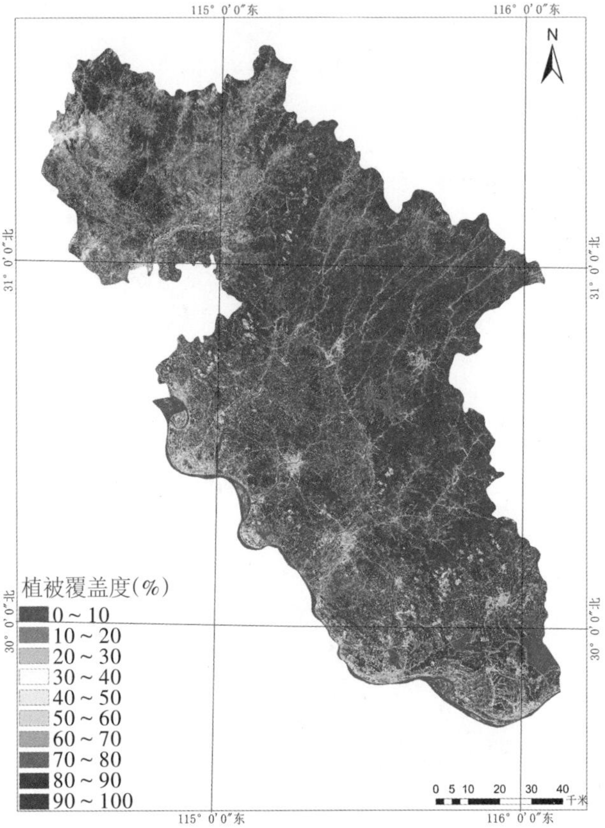

图3-6 黄冈市2020年植被覆盖度图

3.3.2 气象数据预处理

气象数据选用鄂东大别山地区及其周边的9个气象台站（信阳、大悟、麻城、孝感、武汉、霍山、英山、阳新、九江）的降水量、积温及日照时数观测值，运用ArcMap软件中的地统计向导工具，将局部的、离散的气象数据转化为连续的、空间上的栅格数据，并运用反距离权重法对9个气象台站的降水、积温及日照时数进行空间插值计算分析。9个气象台站的分布见表3-4。

表3-4 气象台站分布表

台站号	台站名	经度/E	纬度/N
57297	信阳	114°03′	32°08′
57395	大悟	114°07′	31°34′
57399	麻城	114°57′	31°08′
57482	孝感	113°57′	30°54′
57494	武汉	114°03′	30°36′
58314	霍山	116°19′	31°24′
58402	英山	115°40′	30°44′
58500	阳新	115°12′	29°51′
58502	九江	116°00′	29°44′

3.3.3 流域地理单元提取预处理

考虑到气候因子的变化对植被覆盖度的影响更符合自然的规律，而不应由人为的行政区划决定，因此有必要将研究区按自然地貌特征划分为内部地理条件相似的地理单元。为此，本研究以小流域作为边界，提取出内部特征相对一致的亚一级研究区域。

数字高程模型（DEM）能有效反映区域内高程与地形起伏的状况，可作为划分地理单元的基础数据。本研究运用ArcMap软件对小流域边界进行提取，根据水文学相关理论，结合DEM数据获取研究区域主要汇水区的分水线与各主要河流出口汇水点，将研究区域内地形、地貌相似且属同一河流汇水的区域作为一个较大流域。为有效避免DEM数据划分得出的小流域过于稠密而不利于计算，结合野外调研，通过各级小流域逐渐归并，最终将研究区域划分为23个较大的流域地貌单元（如图3-7至图3-13所示）。

图 3-7　黄冈市 DEM 图

图 3-8　黄冈市主要河流

图 3-9　黄冈市小流域

图 3-10　黄冈市主要沟道

图 3-11　黄冈市主要河流与沟道

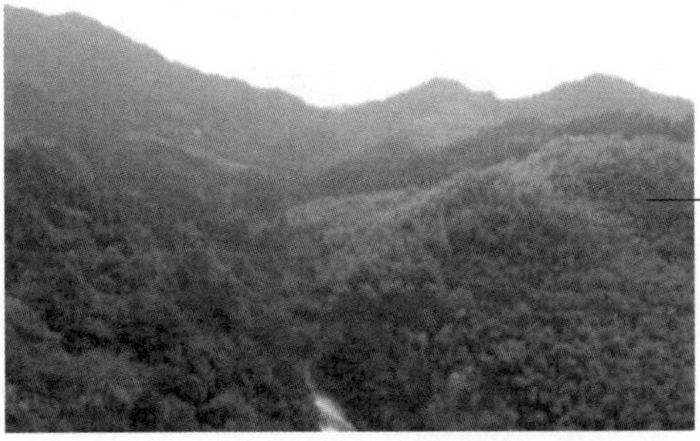

图 3-12　实地考察

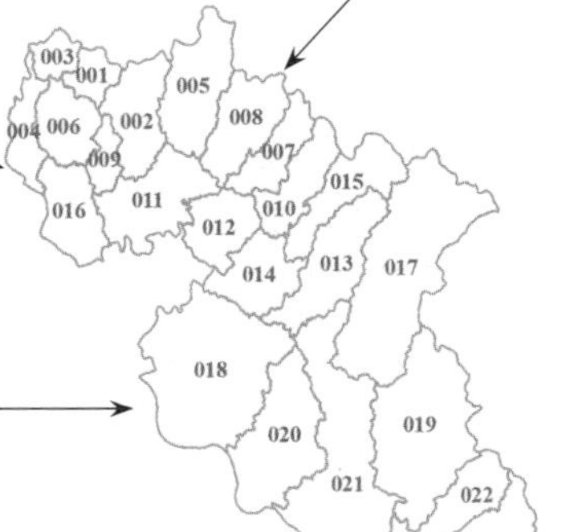

图 3-13　黄冈市主要流域

3.4 本章小结

鄂东大别山地区位于我国地理南北分异过渡地带，拥有独特的地理环境，对其区域内的植被覆盖状况开展研究有极高的实践价值，同时也面临着较大的挑战。其中，数据获取与处理是进行研究的必要前提与关键。为此，本章从鄂东大别山地区的地理特征、数据的选取与来源、数据的预处理方面展开论述，主要内容如下：

（1）详细介绍了鄂东大别山地区的地理位置、气候特征、水系特征、地形地貌和植被概况，进一步证明了研究鄂东大别山地区的植被覆盖状况的理论及现实意义。

（2）根据鄂东大别山地区的实际情况以及数据获取权限，详细介绍了Landsat、NOAA、DEM等数据的选用依据。

（3）对获取的遥感影像数据、高程数据、气象数据进行预处理，得出简要结论，为后文的详细研究夯实基础。

4

植被-气候变化特征

通常情况下，地理现象的演变发展规律和趋势，可以从时间变化和空间变化两个维度展开研究。为此，本书将结合遥感影像数据、气象数据和人口与社会经济数据，对植被覆盖度和主要气候因子、人口因子变化的相关性进行综合分析，并绘制相应的时空分布图和变化趋势图，以直观地展示它们之间的变化规律和空间分布特征。对鄂东大别山地区植被覆盖度与主要气候因子和人类活动的年际变化规律及空间分布特征进行研究，将使用多种分析方法，包括时间序列分析、空间统计分析、Sen斜率分析和MK趋势检验等。本章将结合相关数据预处理结果，对鄂东大别山地区（黄冈市）植被覆盖度与主要气候因子的年际变化规律与空间分布特征进行分析，并结合彼此之间的变化关系，探索植被覆盖度与主要气候因子的响应特征。

4.1 植被覆盖度变化特征

4.1.1 植被覆盖度总体变化趋势

通过对研究数据的预处理以及对植被覆盖度的计算发现：2001—2020年近20年间黄冈市植被覆盖度总体呈上升趋势（如图4-1所示），年均植被覆盖度约为58.73%。具体表现为2001—2003年间明显上升，2003—2007年间明显下降，2007—2020年间震荡上升，2008—2017年间相对稳定，保持在58.01%的水平，整体变幅较大。

4.1.2 Sen方法计算NDVI变化趋势过程

在MATLAB软件中使用geotiffread函数读取GeoTIFF文件，该函数返回NDVI数据（存储在变量a中）和空间参考对象（存储在变量R中）。同时，使用geotiffinfo函数获取空间参考对象，该函数提供有关GeoTIFF

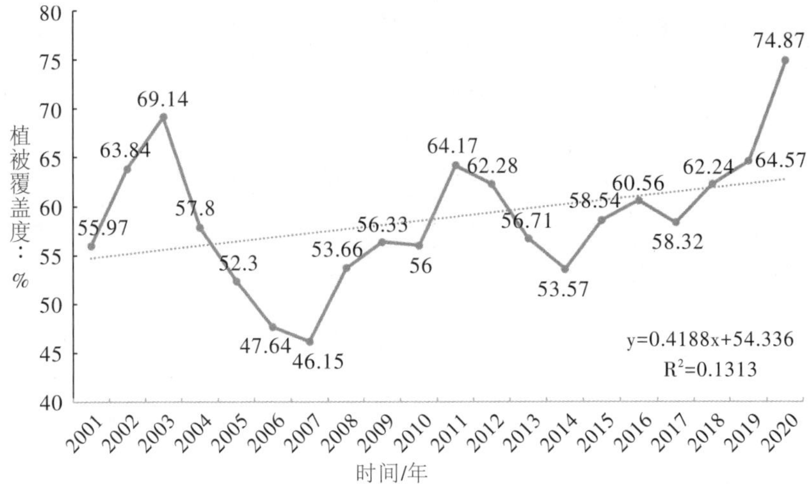

图4-1　黄冈市2001—2020年植被覆盖度变化趋势图

文件的信息，包括投影信息。使用size函数确定NDVI数据的大小，并将两个变量m和n分配为数据的行数和列数；然后创建一个矩阵Datasum，其尺寸为m*n乘以cd，其中cd是分析中包括的年数。此矩阵将存储每年的NDVI数据。

接着创建循环以读取2001—2020年的NDVI数据，使用importdata函数从每个GeoTIFF文件中读取数据，并将结果矩阵重新变形为列向量，其尺寸为m*n乘以1，将生成的向量存储在Datasum矩阵中。

创建另一个矩阵Result，其尺寸为m乘以n，它将存储使用Sen方法计算的NDVI趋势。创建循环以计算Datasum矩阵中每个像素的NDVI趋势。对于每个像素，将应用Sen方法来计算趋势，但仅当所有NDVI值大于-1时才进行计算，否则无法计算趋势，结果值将设置为NaN。

将每个像素的趋势结果都存储在Result矩阵中。最后，使用geotiffwrite函数将Result矩阵写入新的GeoTIFF文件中，该文件与原始文件具有相同的空间参考信息。具体代码参见附录1。

4.1.3 MK检验计算过程

首先，通过调用geotiffread和geotiffinfo函数导入一个已经投影处理好的NDVI图像的元信息，然后利用循环语句分别读取2001年到2020年的NDVI数据，并将这些数据存储在Datasum矩阵中。Datasum矩阵的每一行代表一个像素点，每一列代表一个年份的NDVI数据。

其次，对Datasum矩阵的每一个像素点都计算Sen's slope（趋势度）和Mann-Kendall test（MK检验）的S统计量。S统计量是MK检验的一部分，用于检验数据是否存在趋势。计算S统计量的过程中，第一，对于每一年份，计算该年份与其他所有年份之间的差值。第二，对于每一年份，统计所有差值的符号，如果差值＞0，那么该差值的符号为1；如果差值＜0，那么该差值的符号为-1；如果差值=0，那么该差值的符号为0。最后，将所有符号加起来，得到S统计量。如果S统计量＞0，那么代表数据呈上升趋势；如果S统计量＜0，那么代表数据呈下降趋势；如果S统计量=0，那么代表数据没有趋势。在计算S统计量的时候，只对NDVI数据＞-1的像素点进行计算。

再次，对Datasum矩阵的每一个像素点计算Sen's slope。这个值表示该像素点NDVI数据的总体趋势。其计算方法是：对于每两个年份的NDVI数据，计算其差值并除以时间跨度，然后取所有差值的中位数。如果Sen's slope＞0，意味着数据呈现上升的趋势；如果Sen's slope＜0，意味着数据呈现下降的趋势。

最后，根据Mann-Kendall test的Z统计量和Sen's slope的值，将每个像素点的趋势分为极显著增加、显著增加、微显著增加、不显著增加、无变化、不显著减少、微显著减少、显著减少。具体计算代码参见附录2。

4.1.4 植被覆盖度空间分布特征

运用ArcMap制作得出的植被覆盖度图（如图4-2、图4-3所示），对比研究初始年份（2001年）及结束年份（2020年）植被覆盖在空间上的分布趋势可以发现：黄冈市2001—2020年间植被覆盖度整体呈上升趋势，总体上呈现出东高西低、北高南低、山地高平原低的空间分布格局。黄冈市2001年植被覆盖度总体上不佳，呈现出较为明显的空间分异，植被覆盖度较高的区域主要集中于东部山区。2020年植被覆盖度趋于良好，分布较为均匀，东部山区以及中部低山丘陵地区植被覆盖状况向好；西部与南部地区植被覆盖度波动较大，尤以南部为甚，原因应为两地为平原地区，人类活动频繁，耕地集中，且南部地区多为河湖、围堰及民垸，植被覆盖度波动较大应与当地农业生产方式有紧密联系。

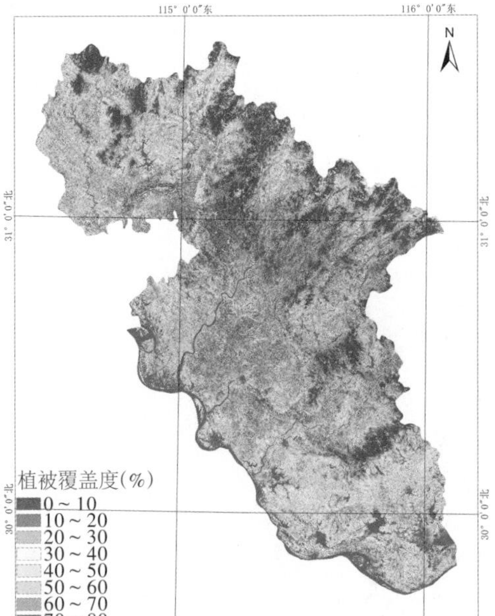

图4-2　黄冈市2001年植被覆盖度图

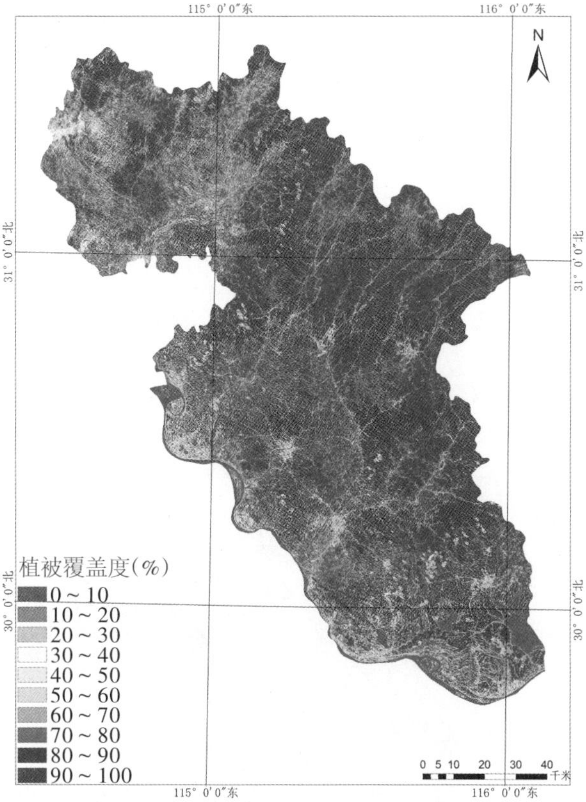

图 4-3　黄冈市 2020 年植被覆盖度图

考虑到为更好地从自然空间角度分析植被覆盖度对气候变化的响应机制，运用前一章提出的流域提取与归并方法，并结合黄冈市 DEM 数据，将黄冈市植被覆盖度空间变化特征以流域为单元来进行分析。通过 ArcMap 软件制作出黄冈市 2001 年各流域植被覆盖度图（如图 4-4 所示）与黄冈市 2020 年各流域植被覆盖度图（如图 4-5 所示）。通过对比，结合黄冈市 2020 年土地利用类型图（如图 4-6 所示）和黄冈市 DEM 图（如图 4-7 所示）发现：流域 1、2、4、8、10、16、17、19、22、23 的植被覆盖度呈现出明显的上升趋势，其中流域 8、10、17、19、22 为高海拔山区，原因应为近年来生态保护措施不断加强，山区植被覆盖状况不断向好。流域23应与当地水文水系特征以及农业生产方式有关。流域7、11、12、13、14、18、20的植被覆盖度略有上升，分布状况未发生明显改变，其中流域7、12、13、14为植被覆盖基础良好的山区；流域11、18、20为人类活动频繁的平原地区，区域内城镇、耕地等土地利用类型未发生明显改变。

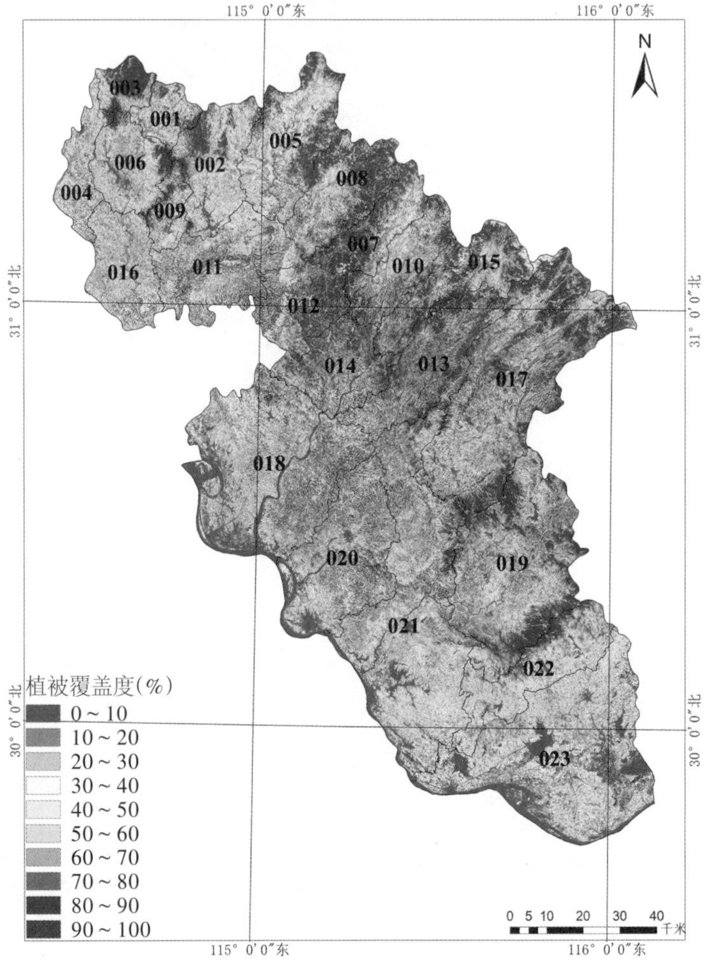

图4-4　黄冈市2001年各流域植被覆盖度图

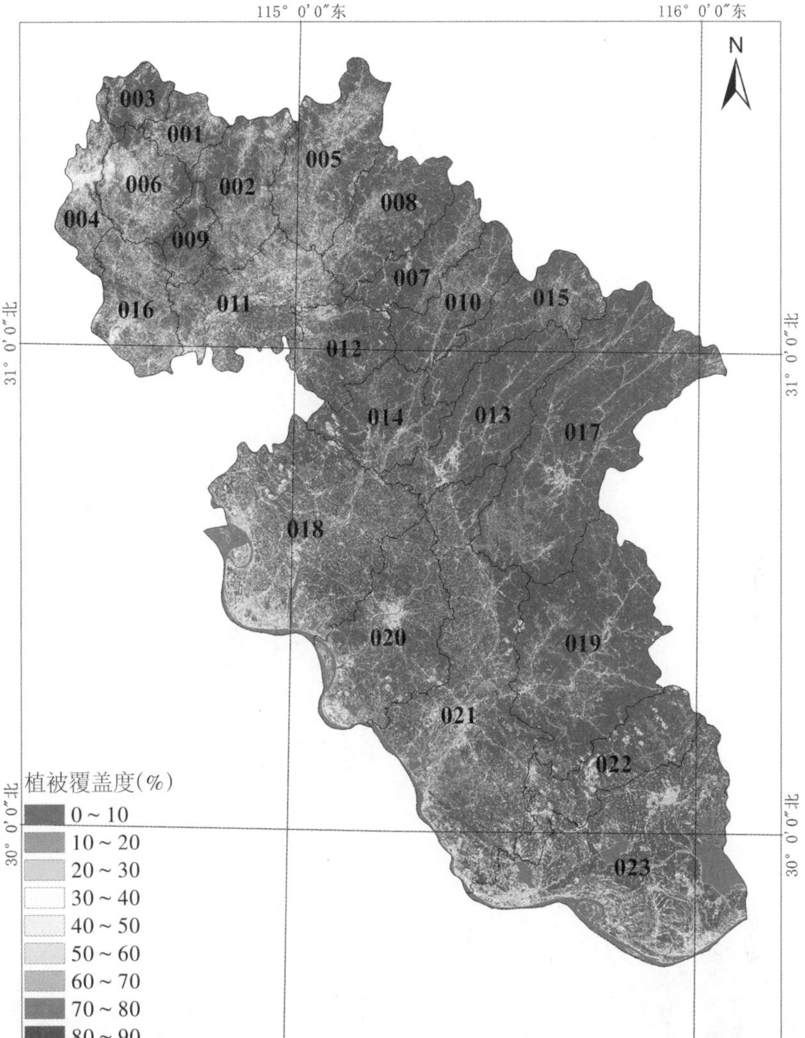

图4-5　黄冈市2020年各流域植被覆盖度图

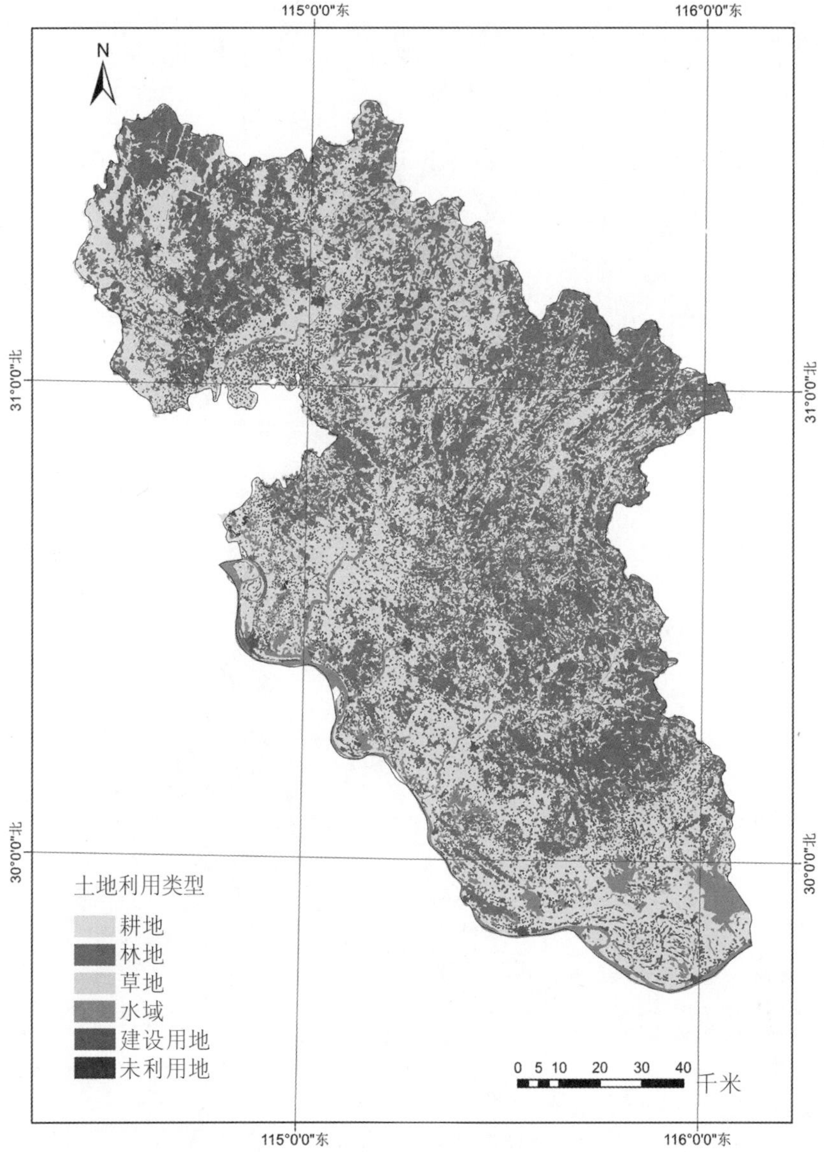

图 4-6　黄冈市2020年土地利用类型图

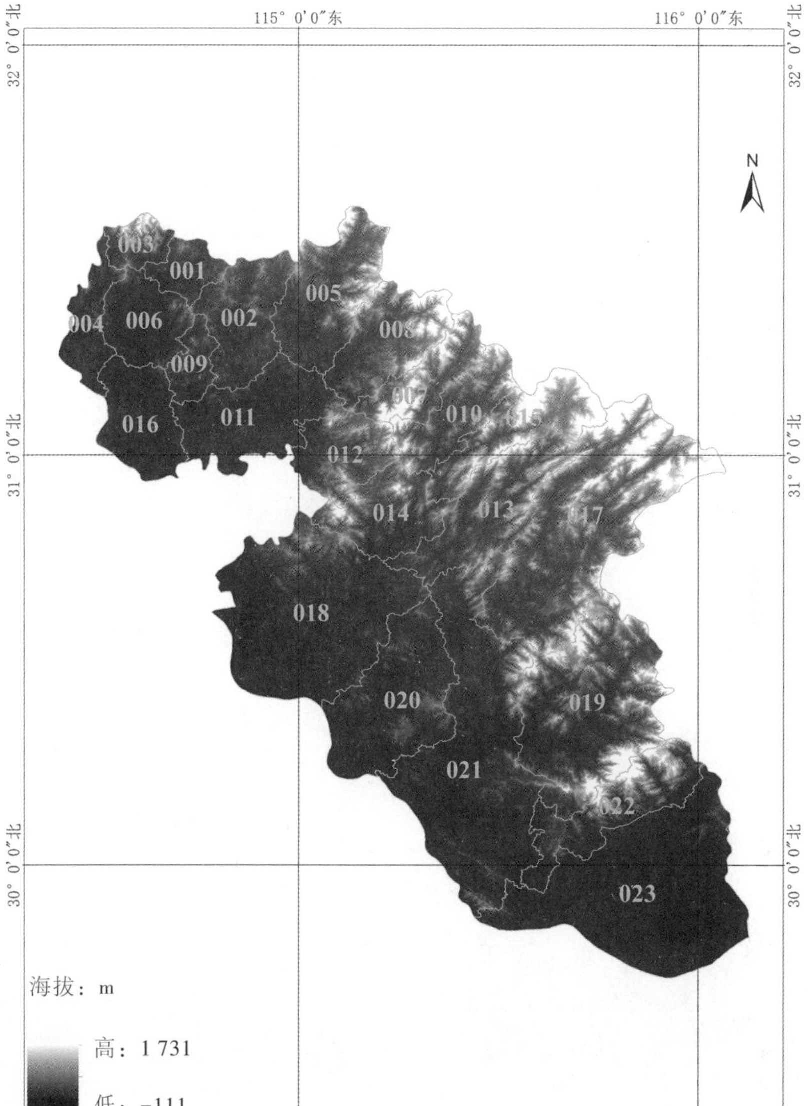
115° 0′0″东
116° 0′0″东
32° 0′0″北
31° 0′0″北
30° 0′0″北
N
003
001
005
004
006
002
008
009
007
016
011
010
015
012
014
013
017
018
020
019
021
022
023
海拔：m
高：1 731
低：-111
0 5 10 20 30 40
千米

图 4-7 黄冈市 DEM 图

4.2 主要气候因子变化特征

4.2.1 降水量时空变化特征

利用9个气象台站所获得的降水量数据，制作黄冈市2001—2020年降水量年际变化趋势图（如图4-8所示），由此发现：2001—2020年黄冈市年降水量处于900～1 700mm之间，总体上呈波动上升趋势，相邻年份间无明显变化规律。其中，最低值出现在2001年，为935mm，最高值出现在2020年，为1 692mm。2003—2010年间降水量变化趋于平稳，2001—2003年、2010—2020年间降水量年际变化较大。

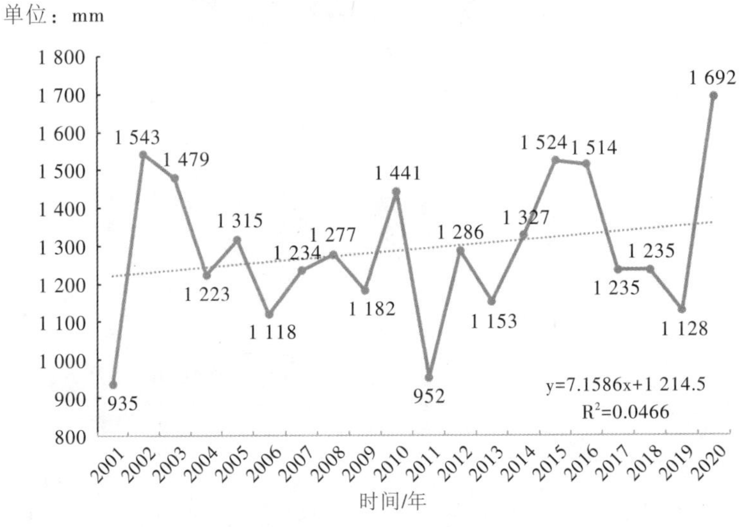

图4-8 黄冈市2001—2020年降水量年际变化趋势图

为进一步从自然空间角度分析降水量分布与变化，结合提取出的流域，运用ENVI计算各流域降水量数值，可得到黄冈市各流域年均降水量（见表4-1）。通过ArcMap软件，运用反距离权重法进行空间插值计算，绘制出黄冈市2001—2020年各年平均降水量分布图，如图4-9至图4-28所示。

表 4-1 黄冈市 2001—2020 年各流域降水量 单位：mm

流域/时间（年）	流域1	流域2	流域3	流域4	流域5	流域6	流域7	流域8	流域9	流域10	流域11	流域12	流域13	流域14	流域15	流域16	流域17	流域18	流域19	流域20	流域21	流域22	流域23
2001	854	857	858	803	894	826	928	908	826	940	846	883	951	920	966	804	979	908	962	936	951	998	1 057
2002	1 474	1 481	1 474	1 419	1 503	1 462	1 534	1 514	1 464	1 545	1 476	1 495	1 564	1 540	1 561	1 449	1 576	1 530	1 575	1 571	1 576	1 588	1 608
2003	1 430	1 437	1 429	1 390	1 446	1 427	1 458	1 445	1 428	1 466	1 435	1 447	1 500	1 495	1 457	1 414	1 473	1 496	1 519	1 551	1 540	1 498	1 466
2004	1 163	1 169	1 164	1 117	1 190	1 150	1 210	1 195	1 150	1 219	1 164	1 188	1 247	1 233	1 223	1 132	1 239	1 230	1 261	1 279	1 271	1 249	1 239
2005	1 287	1 285	1 296	1 252	1 293	1 278	1 295	1 287	1 270	1 299	1 276	1 286	1 324	1 323	1 287	1 251	1 297	1 323	1 344	1 365	1 358	1 339	1 337
2006	1 072	1 075	1 075	1 033	1 089	1 061	1 100	1 089	1 060	1 106	1 069	1 085	1 128	1 121	1 102	1 044	1 113	1 119	1 148	1 156	1 155	1 155	1 177
2007	1 259	1 265	1 254	1 243	1 251	1 276	1 238	1 238	1 281	1 234	1 267	1 236	1 231	1 241	1 223	1 285	1 216	1 240	1 223	1 231	1 230	1 223	1 205
2008	1 254	1 257	1 255	1 220	1 264	1 251	1 268	1 260	1 250	1 271	1 253	1 255	1 288	1 287	1 266	1 239	1 273	1 284	1 297	1 312	1 306	1 292	1 283
2009	1 104	1 108	1 106	1 055	1 136	1 085	1 161	1 144	1 083	1 173	1 102	1 138	1 206	1 190	1 176	1 060	1 196	1 188	1 230	1 246	1 239	1 224	1 229
2010	1 274	1 275	1 286	1 192	1 335	1 225	1 388	1 357	1 215	1 413	1 260	1 349	1 485	1 447	1 423	1 167	1 467	1 445	1 542	1 571	1 559	1 534	1 565

续表

流域/时间(年)	流域1	流域2	流域3	流域4	流域5	流域6	流域7	流域8	流域9	流域10	流域11	流域12	流域13	流域14	流域15	流域16	流域17	流域18	流域19	流域20	流域21	流域22	流域23
2011	864	865	869	818	896	839	925	907	834	938	858	905	980	961	941	808	966	961	1 010	1 034	1 023	998	995
2012	1 089	1 088	1 103	997	1 162	1 026	1 226	1 190	1 013	1 254	1 070	1 179	1 332	1 286	1 271	958	1 322	1 281	1 400	1 420	1 410	1 402	1 466
2013	1 099	1 103	1 099	1 054	1 122	1 086	1 139	1 126	1 086	1 146	1 098	1 119	1 170	1 159	1 147	1 069	1 160	1 158	1 186	1 198	1 193	1 185	1 191
2014	1 214	1 221	1 215	1 156	1 255	1 191	1 291	1 268	1 190	1 307	1 216	1 266	1 359	1 336	1 311	1 163	1 341	1 336	1 396	1 424	1 414	1 383	1 384
2015	1 389	1 396	1 391	1 322	1 435	1 362	1 475	1 449	1 360	1 494	1 390	1 448	1 555	1 530	1 496	1 330	1 532	1 530	1 606	1 634	1 625	1 600	1 623
2016	1 371	1 377	1 374	1 297	1 423	1 337	1 468	1 440	1 334	1 490	1 369	1 438	1 557	1 527	1 495	1 299	1 535	1 527	1 605	1 642	1 626	1 583	1 582
2017	1 120	1 125	1 122	1 057	1 167	1 090	1 207	1 183	1 087	1 225	1 172	1 175	1 271	1 243	1 236	1 056	1 265	1 241	1 302	1 322	1 312	1 289	1 293
2018	1 131	1 136	1 134	1 077	1 170	1 107	1 204	1 183	1 104	1 219	1 130	1 179	1 264	1 242	1 224	1 076	1 251	1 241	1 297	1 317	1 310	1 291	1 302
2019	986	990	990	923	1 036	951	1 081	1 055	947	1 102	982	1 052	1 160	1 130	1 111	914	1 147	1 128	1 210	1 230	1 223	1 208	1 243
2020	1 629	1 641	1 621	1 586	1 648	1 634	1 664	1 648	1 641	1 673	1 645	1 653	1 714	1 707	1 665	1 633	1 686	1 709	1 738	1 773	1 761	1 716	1 688

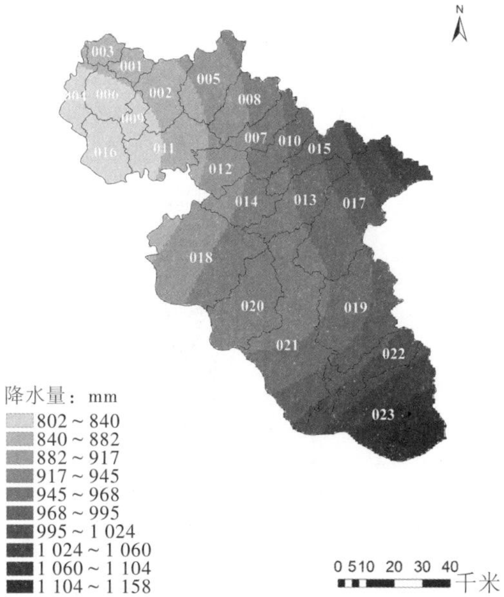

图4-9　黄冈市2001年降水量分布图

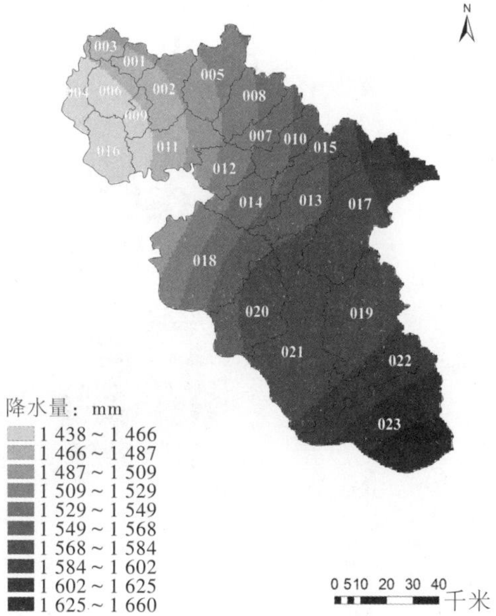

图4-10　黄冈市2002年降水量分布图

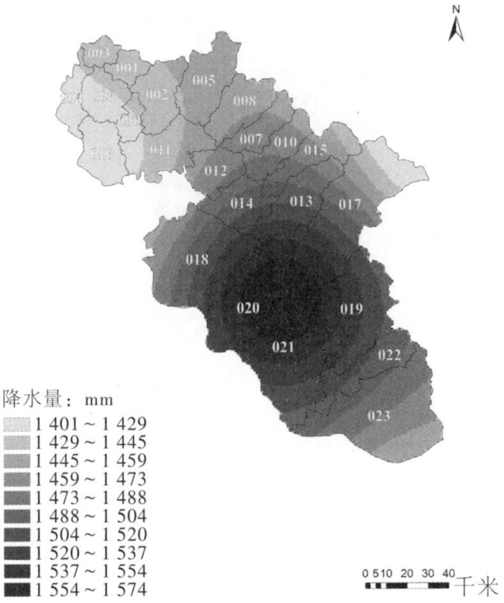

图 4-11　黄冈市 2003 年降水量分布图

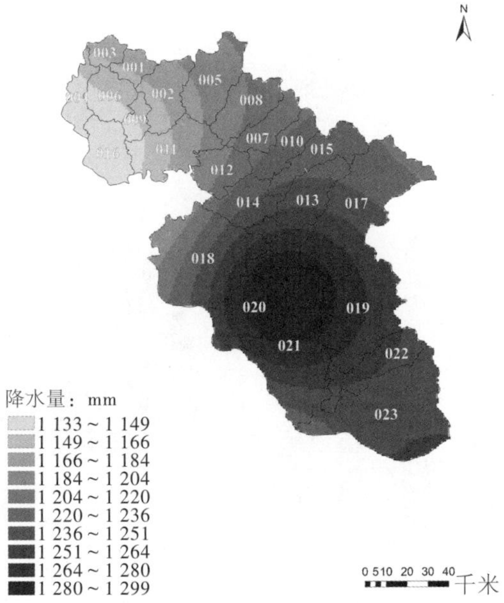

图 4-12　黄冈市 2004 年降水量分布图

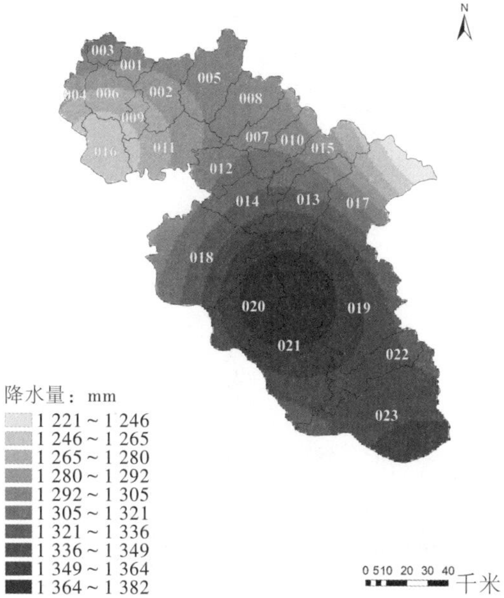

图 4-13　黄冈市 2005 年降水量分布图

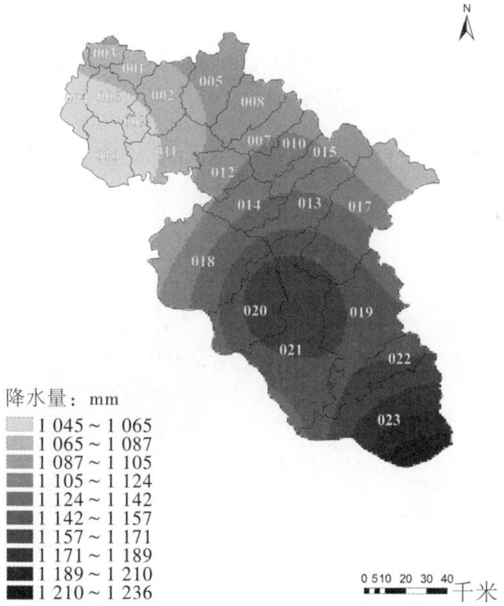

图 4-14　黄冈市 2006 年降水量分布图

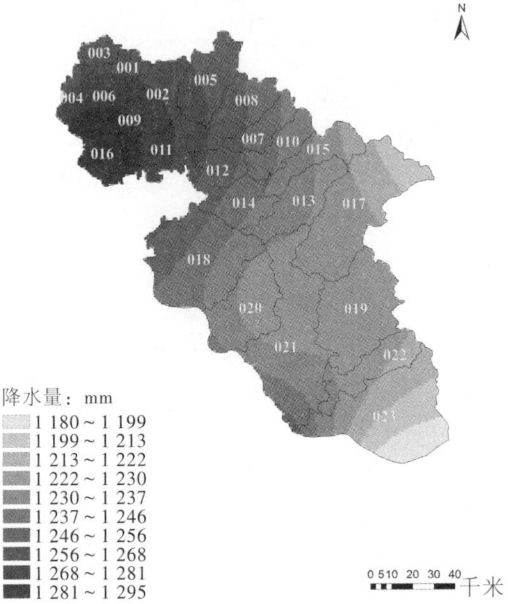

图 4-15　黄冈市 2007 年降水量分布图

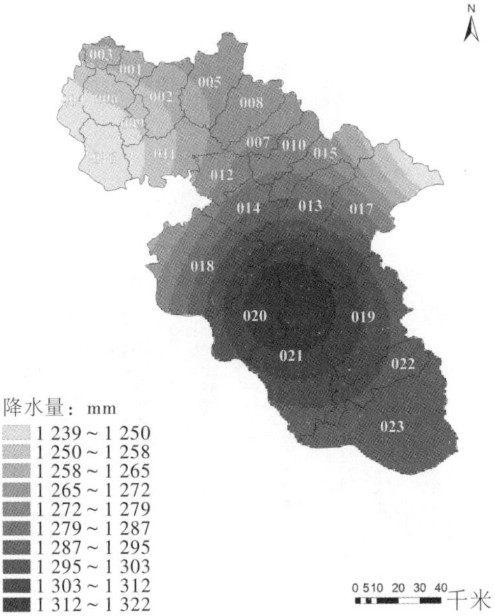

图 4-16　黄冈市 2008 年降水量分布图

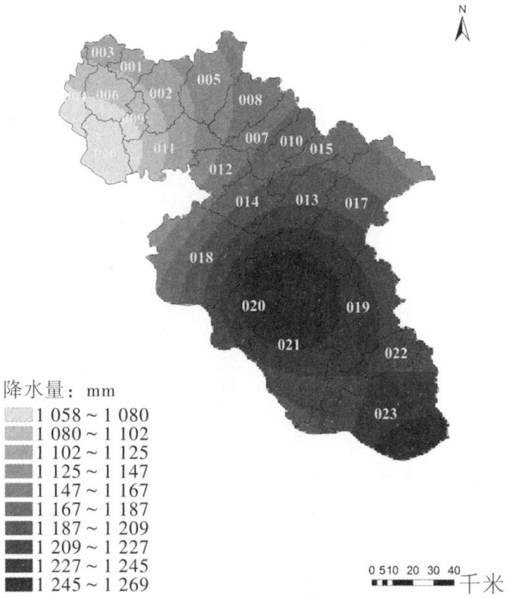

图4-17　黄冈市2009年降水量分布图

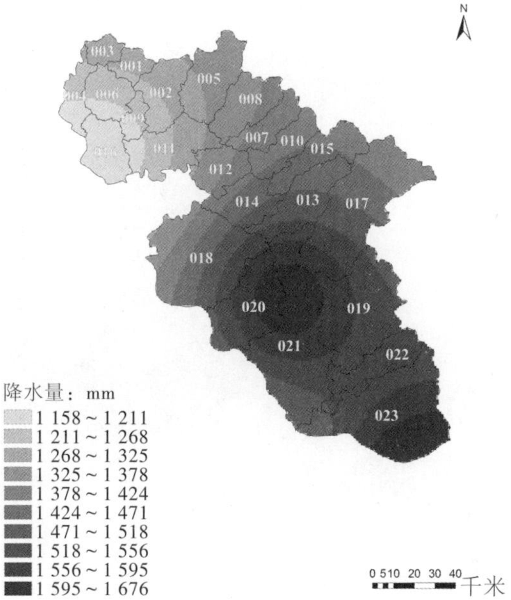

图4-18　黄冈市2010年降水量分布图

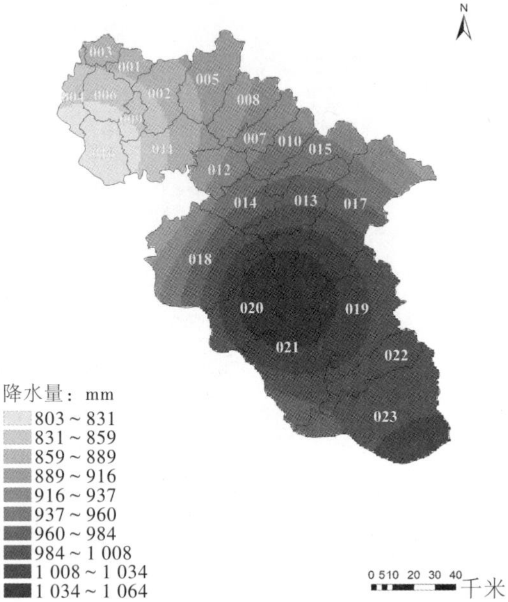

图4-19　黄冈市2011年降水量分布图

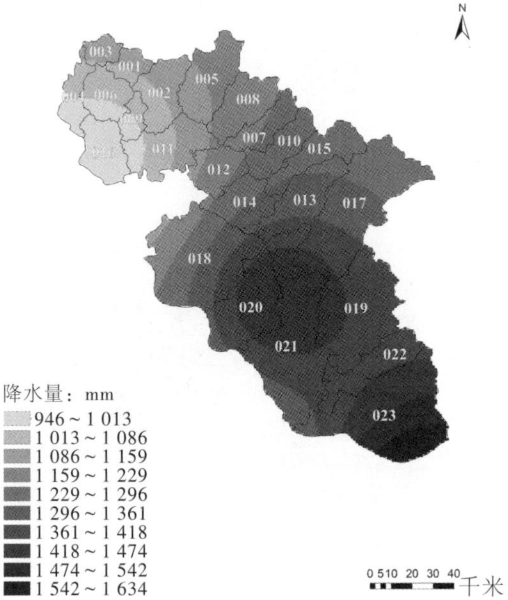

图4-20　黄冈市2012年降水量分布图

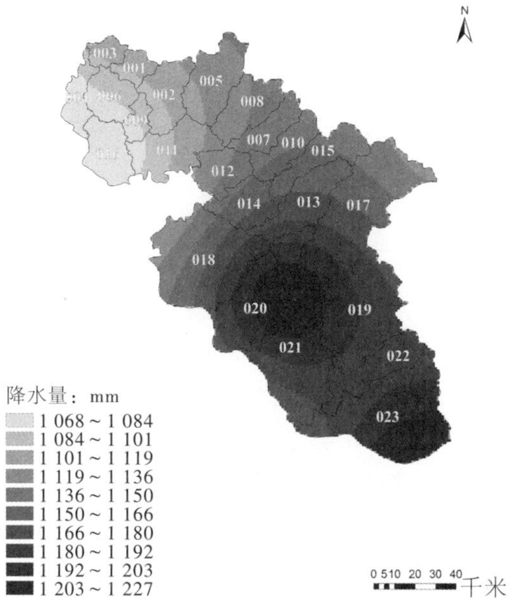

图4-21　黄冈市2013年降水量分布图

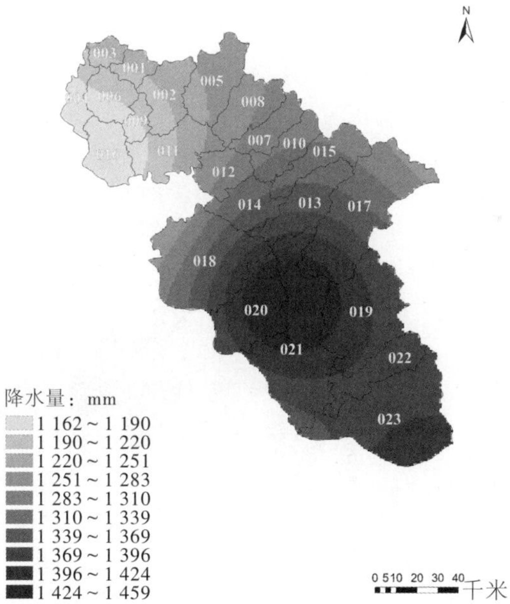

图4-22　黄冈市2014年降水量分布图

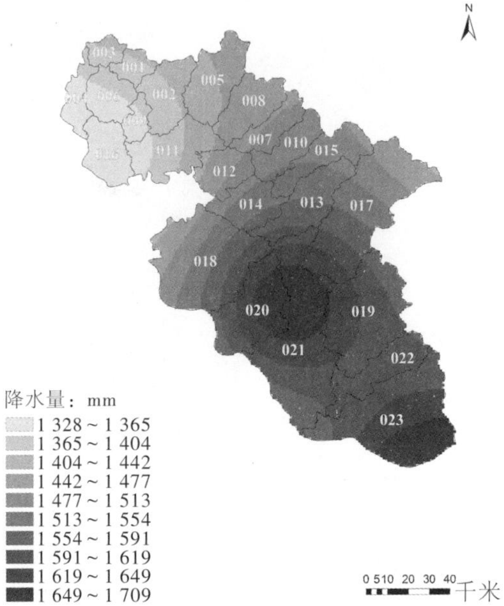

图 4-23　黄冈市 2015 年降水量分布图

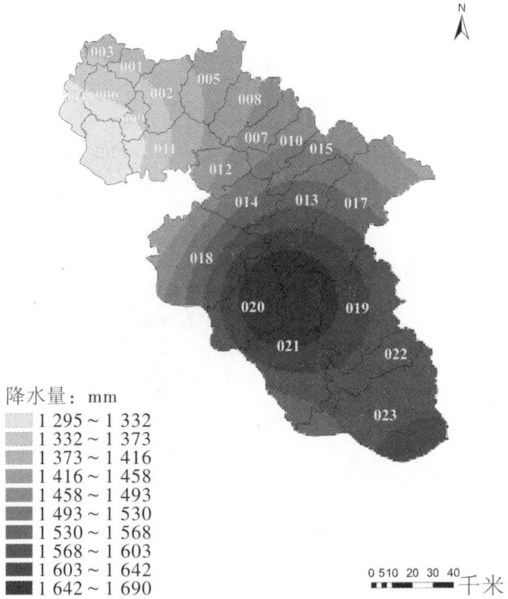

图 4-24　黄冈市 2016 年降水量分布图

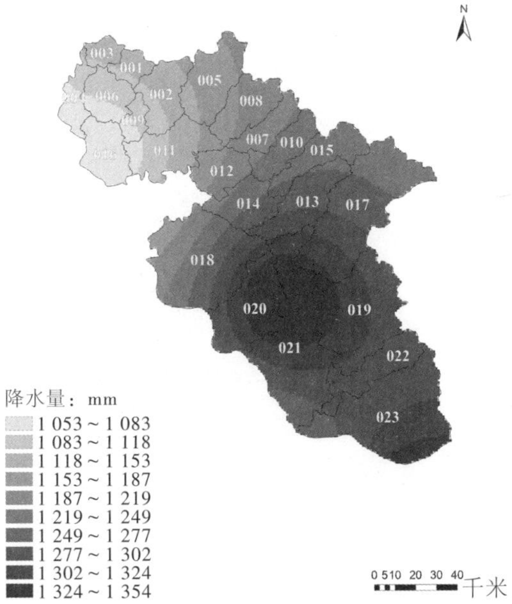

图 4-25　黄冈市 2017 年降水量分布图

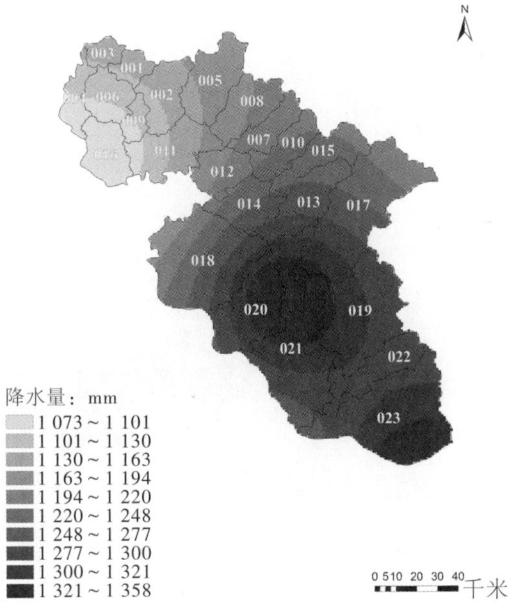

图 4-26　黄冈市 2018 年降水量分布图

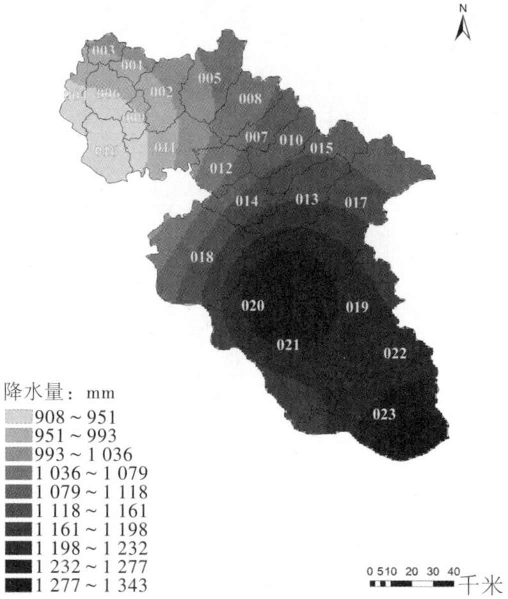

图 4-27　黄冈市 2019 年降水量分布图

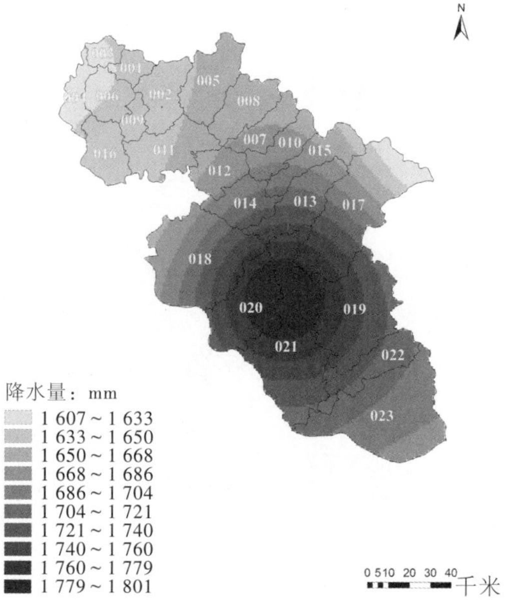

图 4-28　黄冈市 2020 年降水量分布图

通过对黄冈市2001—2020年降水量分布图的对比分析，并结合黄冈市2001—2020年各流域降水量表，我们发现：2001—2020年，黄冈市降水量在空间上分布不均，整体上呈现出南高北低、东高西低、中部高的分布格局，除2007年降水量重心分布于西北部，2001—2002年、2006年降水量重心明显位于东南部外，其余年份降水量重心均分布于中部的浠水、蕲春、罗田、英山四县之间，即流域17、19、20、21之间，结合地形分析，原因应与当地处于夏季风迎风坡有关。除2007年外，降水量低值长年分布于西北部，即流域4、6、9、16之间。

降水量最低值与最高值累年平均相差约300mm。年均降水量最低值出现在2001年，为935mm，比累年（2001—2020年）平均值偏低约27.54%，当年降水量最低值与最高值相差约356mm；年均降水量最高值出现在2020年，为1 692mm，比累年（2001—2020年）平均值偏高约31.22%，当年降水量最低值与最高值相差约194mm。2001年与2020年平均降水量差值达757mm。

2004—2005年、2007—2008年降水量分布较为均匀，其中2008年差异最小，降水量最低值与最高值相差仅为83mm；2010、2012、2018年降水量分布差异较大，其中2012年差异最大，降水量最低值与最高值相差达到688mm。

2001—2002年、2010—2011年、2019—2020年降水量变化幅度巨大，2002年较2001年增长约61.16%，2011年较2010年降低约33.9%，2020年较2019年增长约50.07%。

总体而言，从时间角度分析，黄冈市2001—2020年降水量整体呈上升趋势，整体上降水量较大，变幅较大；从空间角度分析，黄冈市2001—2020年降水空间分布不均，年均降水量最低的西北部地区变幅较大，但无明显变化趋势。年均降水量最高的中部及东南部地区变幅较大，但呈较为明显的上涨趋势。

4.2.2 积温时空变化特征

利用9个气象台站所获得的积温数据，制作黄冈市2001—2020年积温年际变化趋势图（如图4-29所示），我们发现：2001—2020年间黄冈市积温处于5 200～5 800℃之间，总体上呈波动上升趋势，相邻年份间无明显变化规律。其中，最低值出现在2012年，为5 246℃，最高值出现在2007年，为5 759℃。2016—2020年间积温年际变化趋于平稳，2001—2010年与2012—2016年间积温年际变化较大。

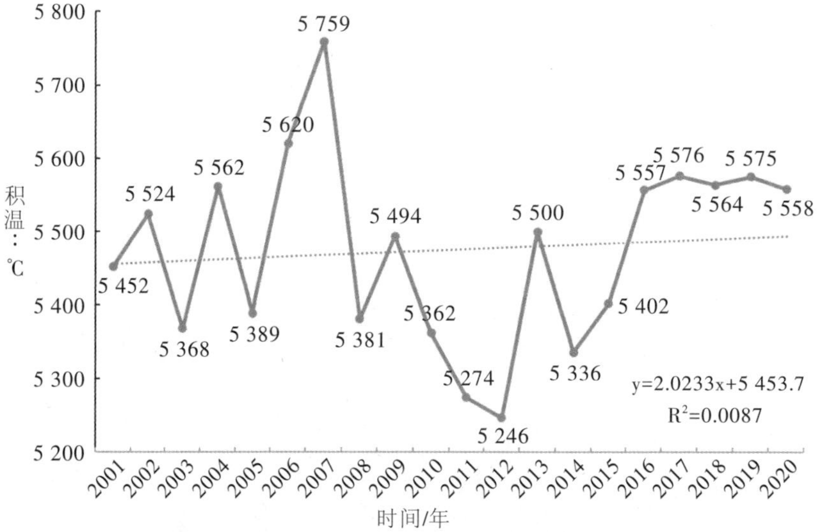

图4-29 黄冈市2001—2020年积温变化趋势图

为进一步从自然空间角度分析积温分布与变化，结合提取出的流域，运用ENVI计算各流域的积温数值，制作黄冈市各流域年积温表（见表4-2）。通过ArcMap软件，运用反距离权重法进行空间插值计算，绘制出黄冈市2001—2020年逐年积温分布图，如图4-30至图4-49所示。

表 4-2　　黄冈市 2001—2020 年各流域积温　　单位：℃

流域/时间（年）	流域 1	流域 2	流域 3	流域 4	流域 5	流域 6	流域 7	流域 8	流域 9	流域 10	流域 11	流域 12	流域 13	流域 14	流域 15	流域 16	流域 17	流域 18	流域 19	流域 20	流域 21	流域 22	流域 23
2001	5 260	5 306	5 229	5 149	5 331	5 293	5 405	5 436	5 314	5 436	5 322	5 328	5 511	5 466	5 462	5 295	5 509	5 453	5 540	5 569	5 558	5 541	5 551
2002	5 337	5 382	5 307	5 225	5 406	5 370	5 478	5 420	5 390	5 508	5 397	5 401	5 580	5 537	5 370	5 532	5 577	5 524	5 608	5 635	5 626	5 613	5 627
2003	5 153	5 198	5 124	5 034	5 234	5 176	5 317	5 255	5 195	5 351	5 211	5 234	5 430	5 378	5 382	5 169	5 434	5 364	5 466	5 489	5 480	5 473	5 501
2004	5 380	5 427	5 350	5 271	5 448	5 417	5 519	5 461	5 438	5 548	5 443	5 443	5 619	5 577	5 572	5 420	5 617	5 565	5 645	5 674	5 663	5 644	5 649
2005	5 192	5 237	5 162	5 080	5 266	5 222	5 342	5 282	5 242	5 373	5 253	5 263	5 448	5 401	5 402	5 221	5 449	5 388	5 478	5 504	5 494	5 481	5 496
2006	5 433	5 480	5 402	5 321	5 504	5 469	5 576	5 517	5 490	5 606	5 496	5 498	5 679	5 635	5 632	5 471	5 677	5 622	5 704	5 733	5 722	5 705	5 711
2007	5 548	5 597	5 516	5 427	5 628	5 580	5 710	5 646	5 601	5 743	5 613	5 625	5 822	5 772	5 774	5 579	5 825	5 757	5 853	5 880	5 870	5 857	5 875
2008	5 207	5 250	5 178	5 100	5 271	5 241	5 337	5 282	5 260	5 365	5 265	5 266	5 436	5 397	5 386	5 241	5 430	5 385	5 463	5 493	5 482	5 462	5 467
2009	5 294	5 340	5 265	5 179	5 369	5 324	5 445	5 385	5 343	5 477	5 354	5 366	5 554	5 507	5 504	5 320	5 553	5 495	5 585	5 613	5 603	5 588	5 603
2010	5 178	523	5 148	5 070	5 245	5 212	5 314	5 258	5 232	5 344	5 239	5 242	5 417	5 376	5 366	5 214	5 412	5 365	5 447	5 477	5 466	5 447	5 458

续表

流域/时间（年）	流域1	流域2	流域3	流域4	流域5	流域6	流域7	流域8	流域9	流域10	流域11	流域12	流域13	流域14	流域15	流域16	流域17	流域18	流域19	流域20	流域21	流域22	流域23
2011	5 085	5 131	5 055	4 978	5 155	5 118	5 227	5 169	5 139	5 257	5 147	5 154	5 331	5 288	5 281	5 121	5 327	5 276	5 361	5 390	5 379	5 362	5 375
2012	5 066	5 110	5 037	4 961	5 131	5 099	5 199	5 144	5 118	5 277	5 125	5 128	5 298	5 258	5 249	5 101	5 293	5 247	5 327	5 354	5 345	5 333	5 351
2013	5 311	5 356	5 281	5 199	5 380	5 344	5 453	5 394	5 362	5 483	5 372	5 377	5 559	5 516	5 507	5 343	5 554	5 504	5 589	5 619	5 608	5 588	5 597
2014	5 032	5 179	5 102	5 020	5 209	5 162	5 288	5 227	5 182	5 321	5 195	5 209	5 398	5 349	5 350	5 161	5 400	5 336	5 429	5 457	5 446	5 428	5 440
2015	5 203	5 249	5 172	5 089	5 278	5 233	5 357	5 296	5 253	5 388	5 265	5 276	5 463	5 415	5 418	5 233	5 466	5 402	5 492	5 518	5 508	5 494	5 508
2016	5 357	5 405	5 326	5 242	5 433	5 390	5 511	5 449	5 411	5 542	5 421	5 430	5 618	5 570	5 571	5 391	5 619	5 557	5 647	5 674	5 664	5 649	5 662
2017	5 376	5 424	5 345	5 261	5 452	5 409	5 530	5 469	5 429	5 562	5 440	5 448	5 637	5 589	5 591	5 409	5 639	5 575	5 665	5 692	5 682	5 667	5 680
2018	5 390	5 431	5 366	5 268	5 459	5 416	5 526	5 469	5 433	5 555	5 440	5 444	5 624	5 578	5 581	5 411	5 625	5 562	5 646	5 673	5 662	5 644	5 646
2019	5 402	5 442	5 379	5 280	5 470	5 426	5 538	5 480	5 442	5 566	5 450	5 454	5 634	5 589	5 592	5 418	5 635	5 572	5 657	5 683	5 673	5 657	5 662
2020	5 366	5 407	5 342	5 238	5 442	5 385	5 518	5 457	5 403	5 549	5 415	5 429	5 621	5 570	5 580	5 377	5 627	5 553	5 648	5 672	5 663	5 651	5 664

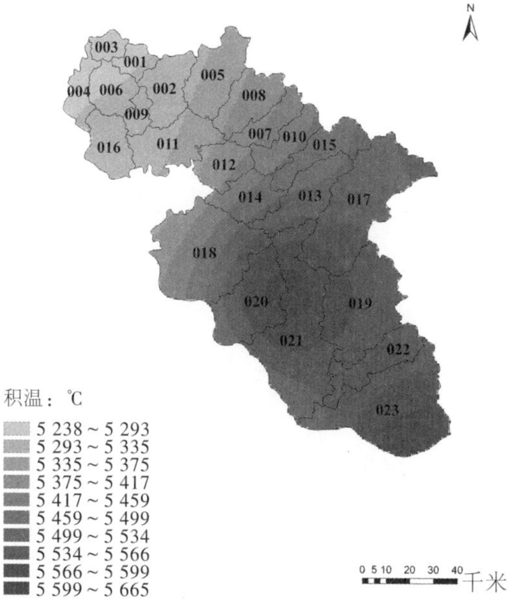

图 4-30 黄冈市 2001 年积温分布图

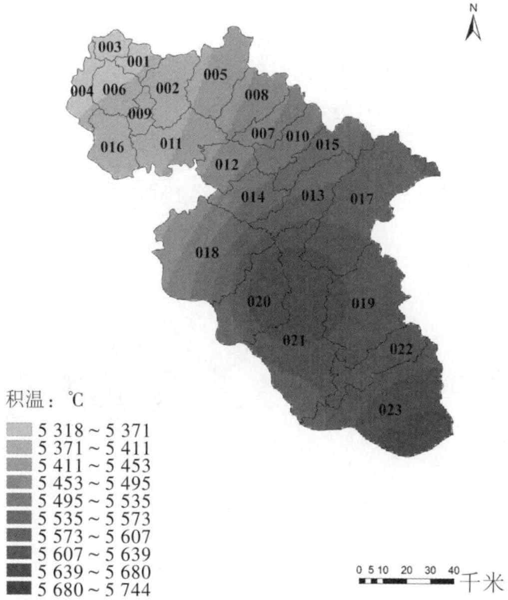

图 4-31 黄冈市 2002 年积温分布图

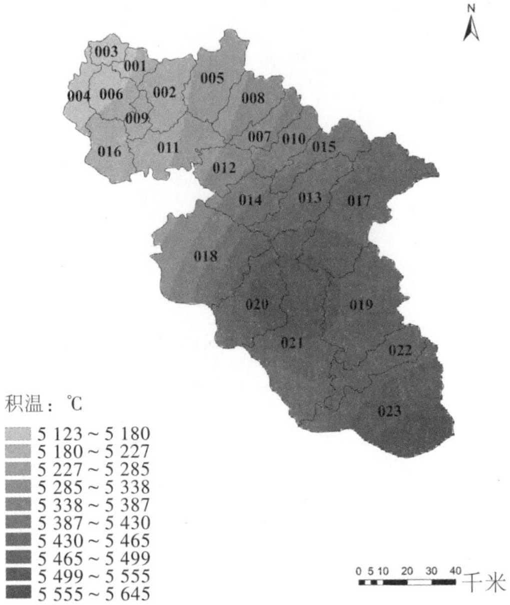

图 4-32　黄冈市 2003 年积温分布图

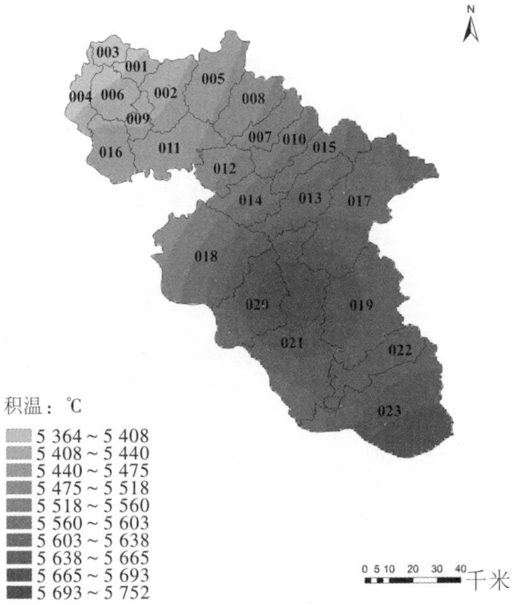

图 4-33　黄冈市 2004 年积温分布图

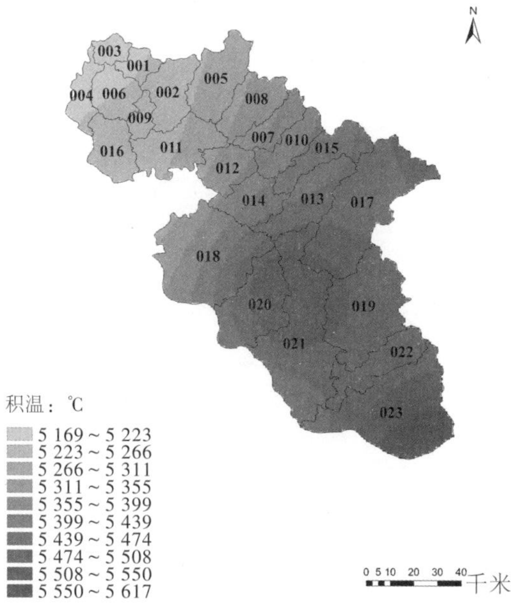

图 4-34 黄冈市 2005 年积温分布图

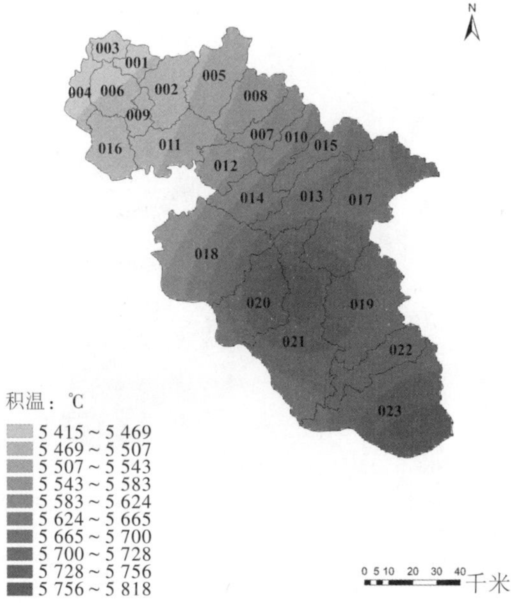

图 4-35 黄冈市 2006 年积温分布图

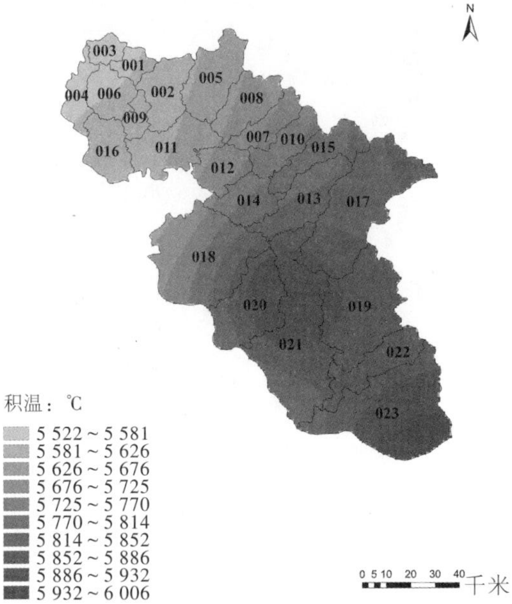

图 4-36　黄冈市 2007 年积温分布图

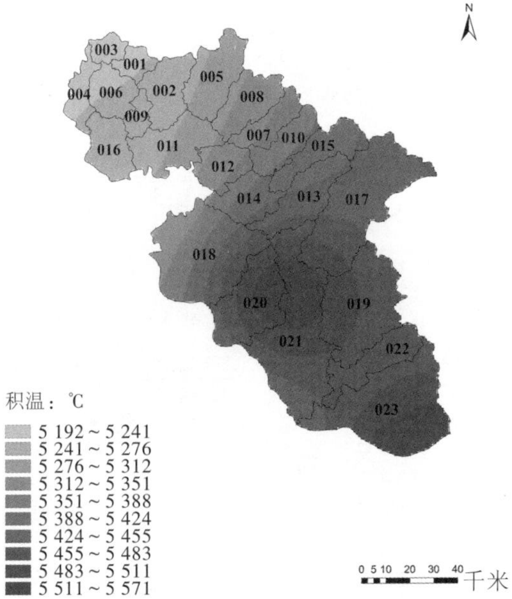

图 4-37　黄冈市 2008 年积温分布图

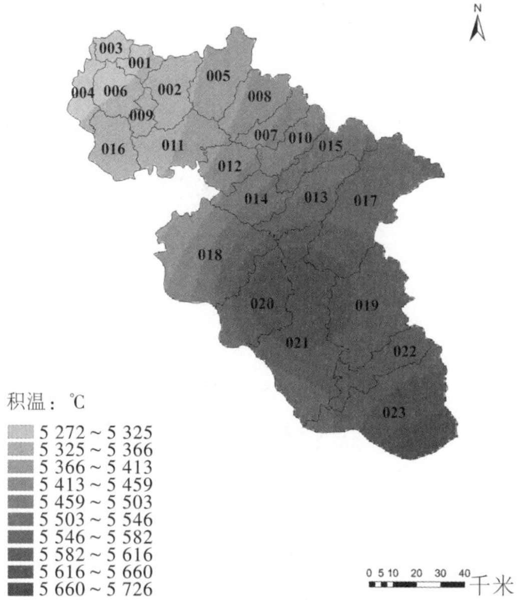

图 4-38　黄冈市 2009 年积温分布图

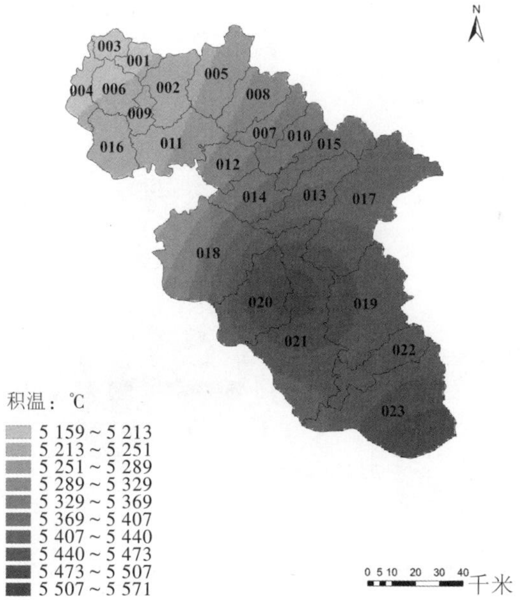

图 4-39　黄冈市 2010 年积温分布图

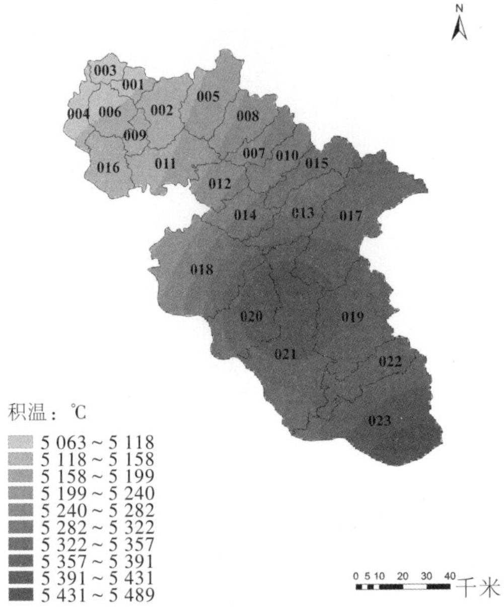

图 4-40　黄冈市 2011 年积温分布图

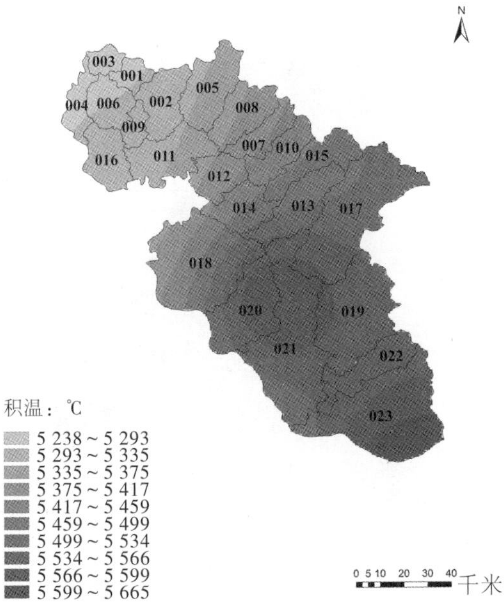

图 4-41　黄冈市 2012 年积温分布图

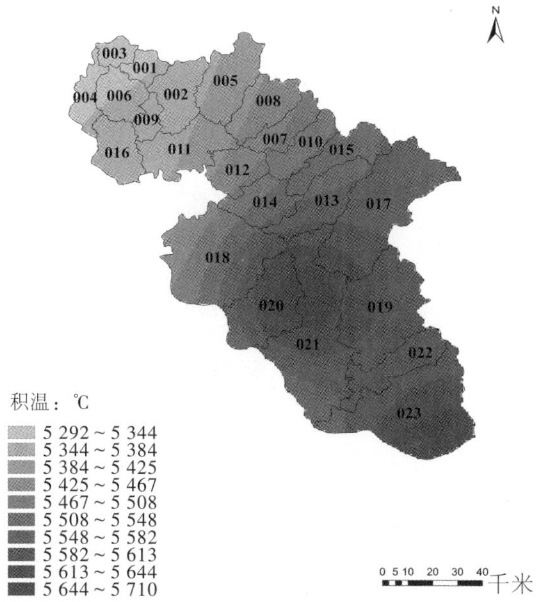

图 4-42　黄冈市 2013 年积温分布图

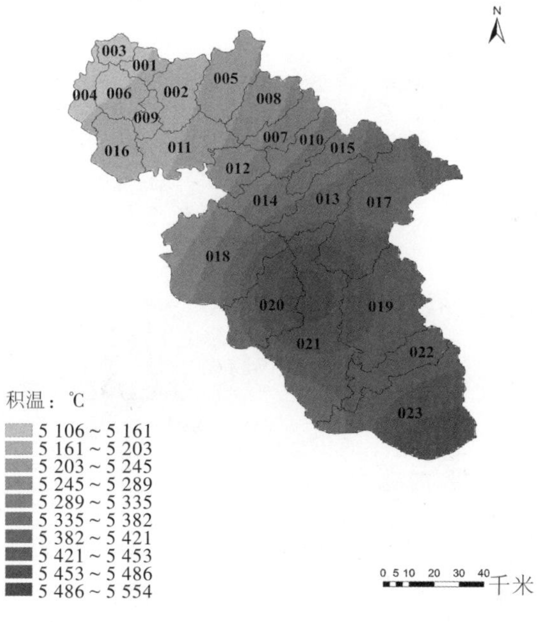

图 4-43　黄冈市 2014 年积温分布图

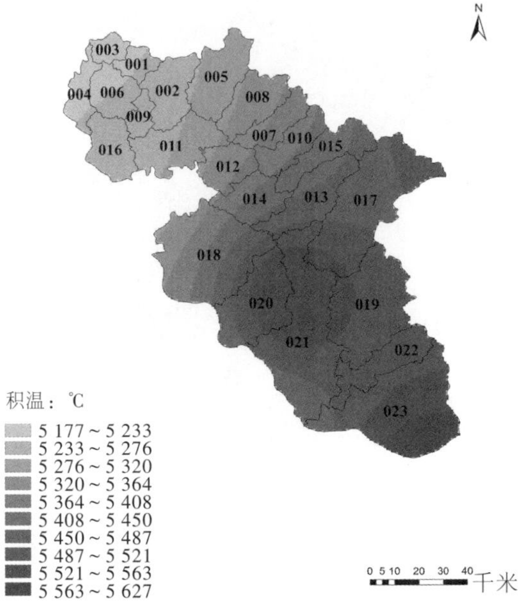

图 4-44　黄冈市 2015 年积温分布图

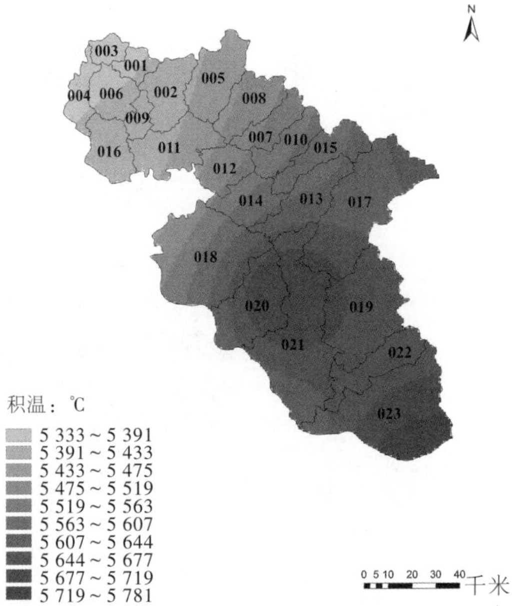

图 4-45　黄冈市 2016 年积温分布图

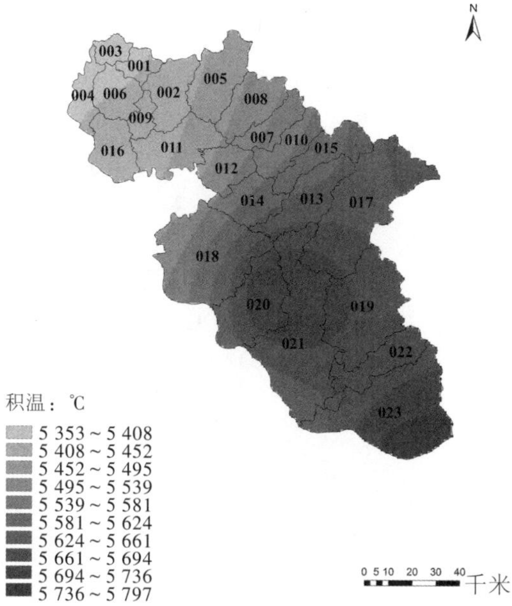

图 4-46　黄冈市 2017 年积温分布图

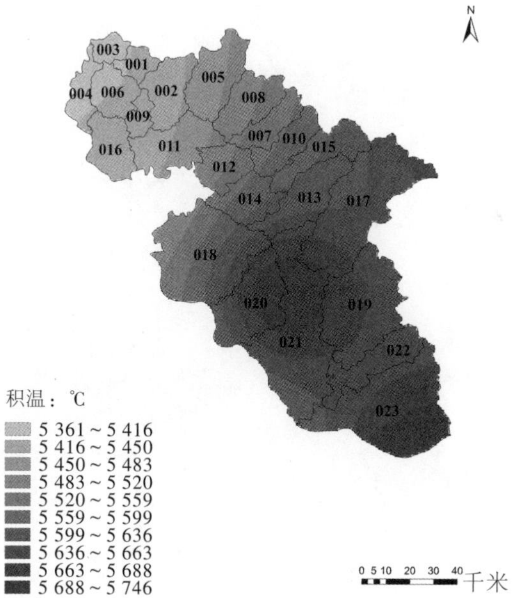

图 4-47　黄冈市 2018 年积温分布图

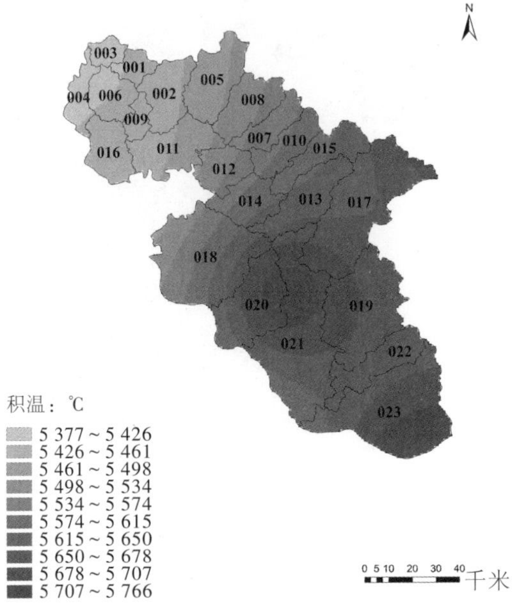

图 4-48　黄冈市 2019 年积温分布图

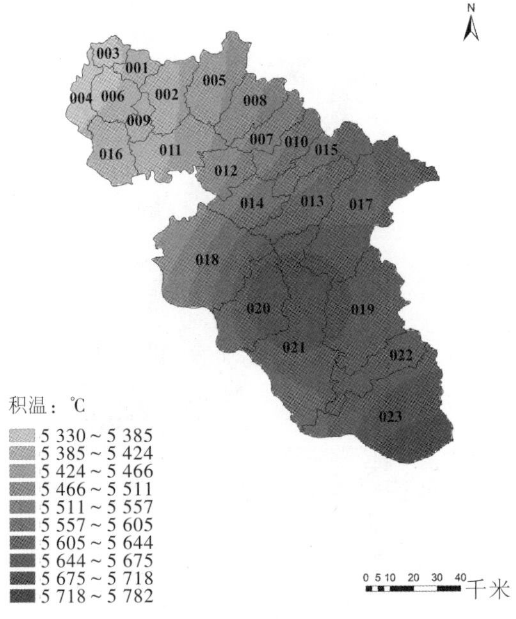

图 4-49　黄冈市 2020 年积温分布图

通过对黄冈市2001—2020年积温分布图的对比分析，并结合黄冈市2001—2020年各流域积温表，我们发现：2001—2020年，黄冈市积温在空间上分布不均，整体上呈现出中部高、东南部次之、西北部低的分布格局。积温分布重心长年处于中部的浠水、蕲春、罗田、英山四县之间，即流域17、19、20、21之间；东南部的黄梅县，即流域23，积温亦较高，略低于中部，原因应为当地纬度更低，河湖众多，蒸发较快，大气保温作用更强。积温低值区常年分布于西北部的红安县和麻城市一带，以及流域1、3、4、6之间，原因应该与当地纬度更高、平均海拔较高、冬季风更为强劲有关。

积温最低值与最高值相差约513℃。年积温最低值出现在2012年，为5 246℃，较累年（2001—2020年）平均值偏低约4.18%，当年积温最低值与最高值相差约427℃；年积温最高值出现在2007年，为5 759℃，较累年（2001—2020年）平均值偏高约5.19%，当年积温最低值与最高值相差约484℃。2012年与2007年年积温差值达513℃。

2004年、2008年、2018—2019年年积温分布较为均匀，其中2008年差异最小，积温最低值与最高值相差为379℃；2003年、2009年年积温分布差异较大，其中2003年差异最大，积温最低值与最高值相差达522℃。

2001—2010年与2012—2016年间积温变幅较为显著，其中2006年较2005年增长约4.29%，2008年较2007年降低约6.56%，2013年较2012年增长约4.84%。2016—2020年间积温保持稳定，在5 557～5 576℃之间略微波动。

总体而言，从时间角度分析，黄冈市2001—2020年积温整体较高且呈上升趋势，应与全球气候变暖趋势有关；从空间角度分析，黄冈市2001—2020年间积温空间分布不均，且高值长年分布于中部及东南部地区，应与当地纬度更低、海拔较低，且河湖密布、蒸发较快、大气保温作用明显有关。各流域与黄冈市整体变化规律保持一致，且均呈波动上升趋势。其中，位于东南部的流域23上升趋势较弱，应与当地河湖密布、对气候的调节作用明显有关。

4.2.3 日照时数时空变化特征

利用9个气象台站所获得的日照时数数据，制作黄冈市2001—2020年日照时数年际变化趋势图（如图4-50所示），我们发现：2001—2020年黄冈市日照时数处于1 600～2 100小时之间，总体上呈波动下降趋势，相邻年份间无明显变化规律。其中，最低值出现在2019年，为1 622小时；最高值出现在2018年，为2 030小时。2010—2016年间日照时数变化较为平稳，2017—2019年间日照时数变化巨大。

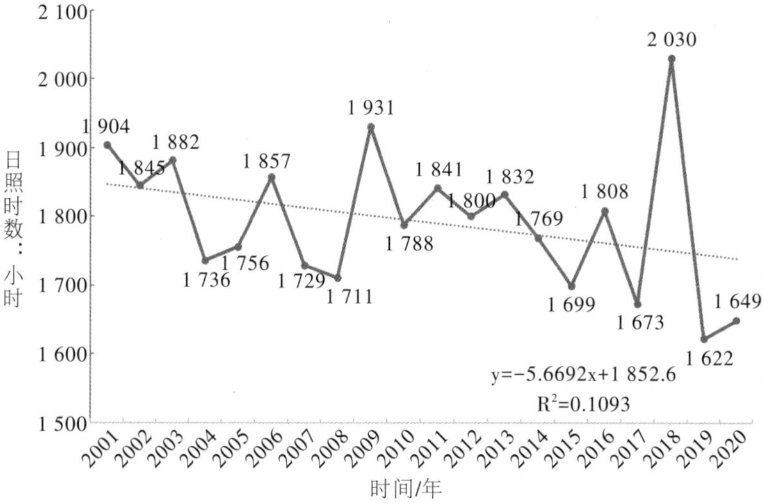

图4-50　黄冈市2001—2020年日照时数年际变化趋势图

为进一步从自然空间角度分析日照时数的分布与变化，结合提取出的流域，运用ENVI计算各流域日照时数数值，制作黄冈市2001—2020年各流域年日照时数表（见表4-3）。通过ArcMap软件，运用反距离权重法进行空间插值计算，制作出黄冈市2001—2020年逐年日照时数分布图，如图4-51至图4-70所示。

表 4-3　　黄冈市2001—2020年各流域年日照时数表　　单位：小时

流域/时间（年）	流域1	流域2	流域3	流域4	流域5	流域6	流域7	流域8	流域9	流域10	流域11	流域12	流域13	流域14	流域15	流域16	流域17	流域18	流域19	流域20	流域21	流域22	流域23
2001	1 955	1 963	1 949	1 942	1 937	1 986	1 918	1 918	1 990	1 912	1 966	1 913	1 903	1 918	1 899	1 996	1 887	1 915	1 882	1 894	1 889	1 875	1 837
2002	1 905	1 911	1 902	1 903	1 882	1 940	1 862	1 862	1 940	1 855	1 915	1 862	1 849	1 867	1 839	1 944	1 828	1 868	1 824	1 849	1 840	1 800	1 724
2003	1 897	1 905	1 893	1 875	1 895	1 917	1 892	1 884	1 918	1 891	1 907	1 878	1 893	1 898	1 886	1 913	1 882	1 896	1 878	1 893	1 888	1 866	1 822
2004	1 783	1 786	1 785	1 772	1 766	1 805	1 748	1 747	1 802	1 742	1 784	1 743	1 736	1 751	1 728	1 799	1 717	1 750	1 720	1 733	1 730	1 713	1 673
2005	1 769	1 780	1 761	1 750	1 764	1 795	1 757	1 751	1 801	1 756	1 785	1 750	1 763	1 770	1 747	1 806	1 747	1 767	1 755	1 775	1 766	1 740	1 705
2006	1 862	1 867	1 862	1 833	1 866	1 873	1 868	1 858	1 870	1 868	1 864	1 844	1 867	1 865	1 870	1 859	1 866	1 859	1 853	1 854	1 854	1 856	1 842
2007	1 751	1 757	1 748	1 733	1 741	1 773	1 730	1 726	1 774	1 728	1 758	1 723	1 732	1 739	1 718	1 775	1 715	1 736	1 724	1 738	1 732	1 716	1 691
2008	1 683	1 695	1 673	1 647	1 690	1 698	1 693	1 683	1 708	1 697	1 699	1 681	1 718	1 715	1 691	1 712	1 701	1 709	1 730	1 745	1 736	1 727	1 738
2009	1 941	1 955	1 928	1 918	1 934	1 973	1 925	1 920	1 985	1 924	1 964	1 920	1 935	1 942	1 913	1 996	1 914	1 938	1 931	1 952	1 941	1 919	1 897
2010	1 769	1 807	1 788	1 774	1 793	1 820	1 788	1 781	1 827	1 788	1 812	1 779	1 797	1 801	1 781	1 831	1 782	1 797	1 789	1 808	1 798	1 774	1 743

续表

流域/时间（年）	流域1	流域2	流域3	流域4	流域5	流域6	流域7	流域8	流域9	流域10	流域11	流域12	流域13	流域14	流域15	流域16	流域17	流域18	流域19	流域20	流域21	流域22	流域23
2011	1 815	1 827	1 808	1 786	1 824	1 831	1 833	1 820	1 836	1 839	1 831	1 818	1 860	1 856	1 837	1 832	1 847	1 853	1 861	1 885	1 873	1 840	1 805
2012	1 770	1 783	1 761	1 740	1 778	1 788	1 785	1 773	1 796	1 790	1 789	1 773	1 815	1 812	1 785	1 797	1 797	1 809	1 823	1 848	1 836	1 805	1 780
2013	1 783	1 799	1 770	1 749	1 749	1 803	1 805	1 791	1 814	1 814	1 808	1 797	1 851	1 846	1 807	1 818	1 826	1 844	1 869	1 905	1 888	1 842	1 815
2014	1 730	1 747	1 714	1 698	1 737	1 754	1 743	1 731	1 770	1 750	1 759	1 738	1 785	1 782	1 742	1 781	1 760	1 778	1 800	1 835	1 816	1 773	1 751
2015	1 714	1 724	1 704	1 695	1 704	1 742	1 692	1 689	1 751	1 690	1 731	1 691	1 700	1 709	1 677	1 761	1 677	1 707	1 698	1 719	1 709	1 685	1 663
2016	1 787	1 803	1 774	1 758	1 794	1 811	1 798	1 787	1 823	1 802	1 812	1 788	1 823	1 822	1 797	1 830	1 807	1 819	1 824	1 850	1 836	1 803	1 772
2017	1 672	1 694	1 648	1 656	1 667	1 715	1 661	1 655	1 738	1 662	1 713	1 665	1 681	1 688	1 651	1 763	1 659	1 687	1 679	1 713	1 694	1 646	1 600
2018	2 004	2 022	1 989	1 969	2 017	2 027	2 028	2 013	2 039	2 033	2 031	2 009	2 050	2 044	2 035	2 041	2 043	2 040	2 044	2 064	2 052	2 025	1 990
2019	1 623	1 636	1 611	1 601	1 621	1 649	1 616	1 610	1 660	1 616	1 644	1 611	1 628	1 633	1 608	1 669	1 611	1 631	1 626	1 647	1 636	1 610	1 584
2020	1 654	1 667	1 642	1 636	1 652	1 681	1 649	1 642	1 690	1 649	1 676	1 644	1 660	1 665	1 642	1 697	1 644	1 664	1 651	1 675	1 663	1 629	1 583

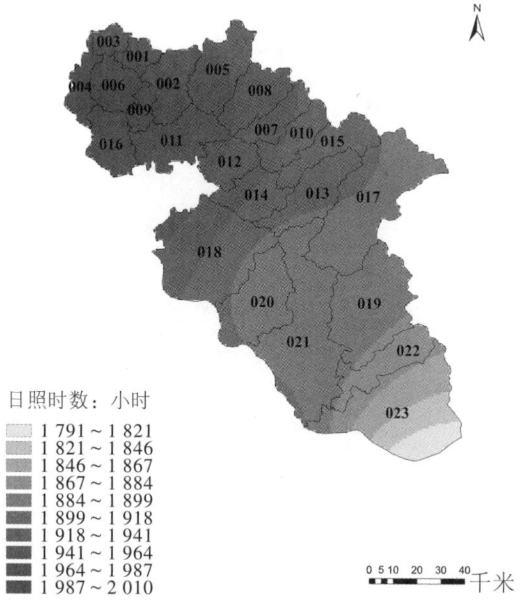

图 4-51　黄冈市 2001 年日照时数分布图

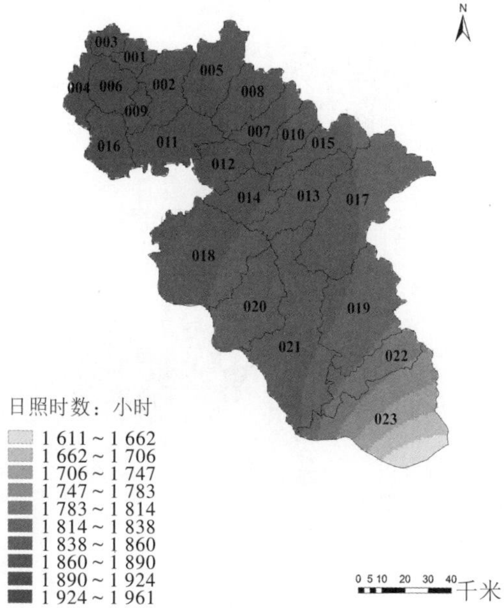

图 4-52　黄冈市 2002 年日照时数分布图

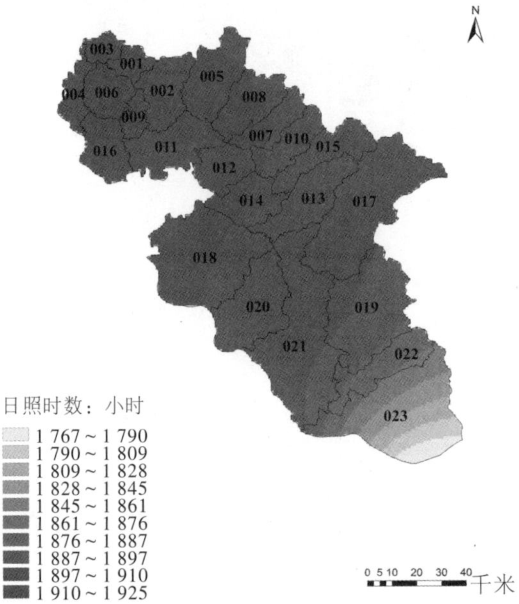

图 4-53　黄冈市 2003 年日照时数分布图

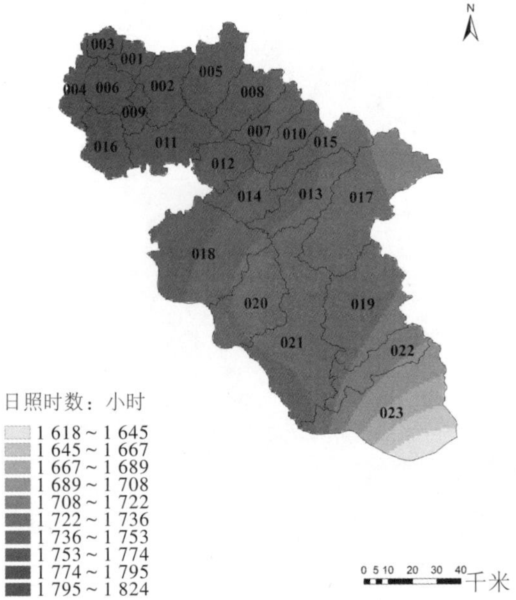

图 4-54　黄冈市 2004 年日照时数分布图

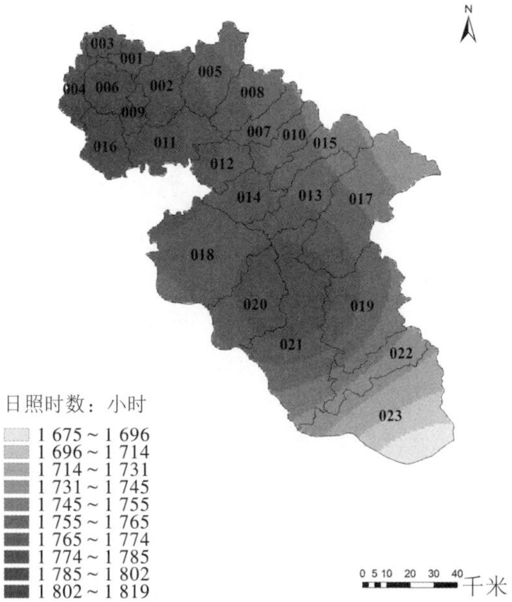

图 4-55　黄冈市 2005 年日照时数分布图

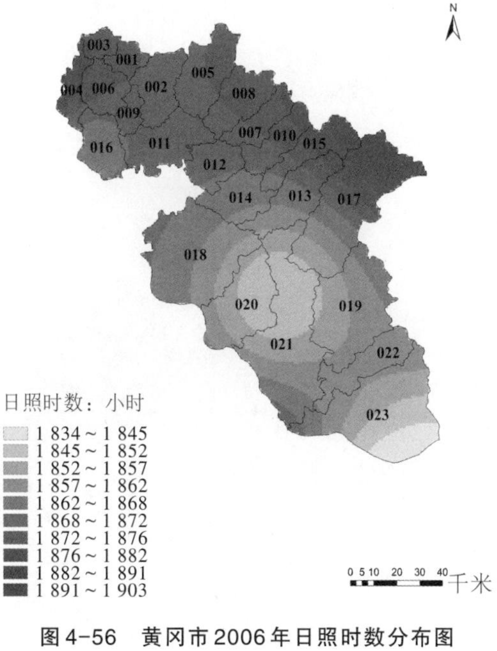

图 4-56　黄冈市 2006 年日照时数分布图

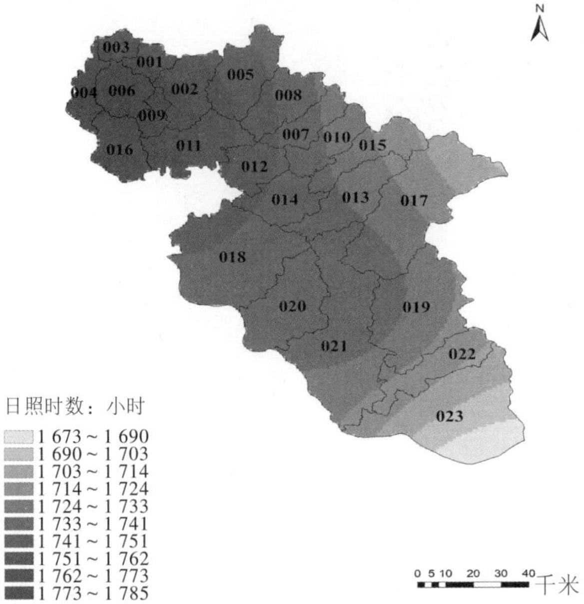

图 4-57　黄冈市 2007 年日照时数分布图

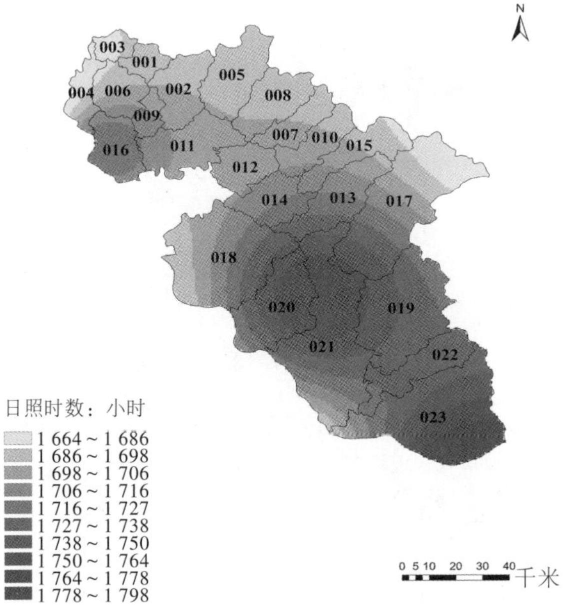

图 4-58　黄冈市 2008 年日照时数分布图

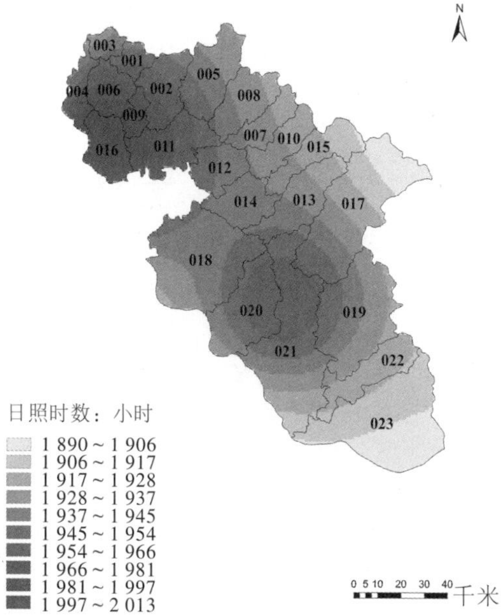

图 4-59　黄冈市 2009 年日照时数分布图

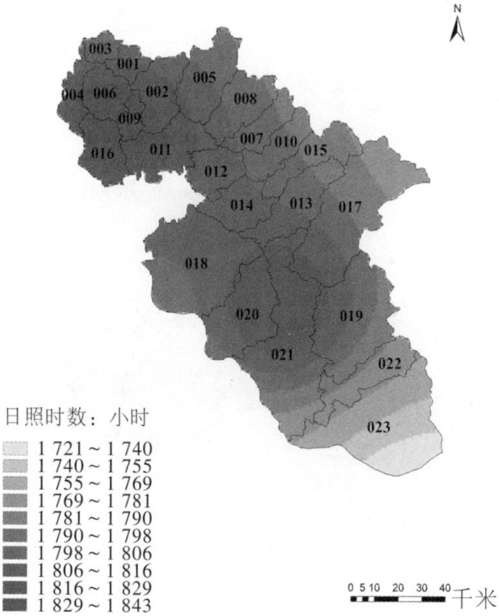

图 4-60　黄冈市 2010 年日照时数分布图

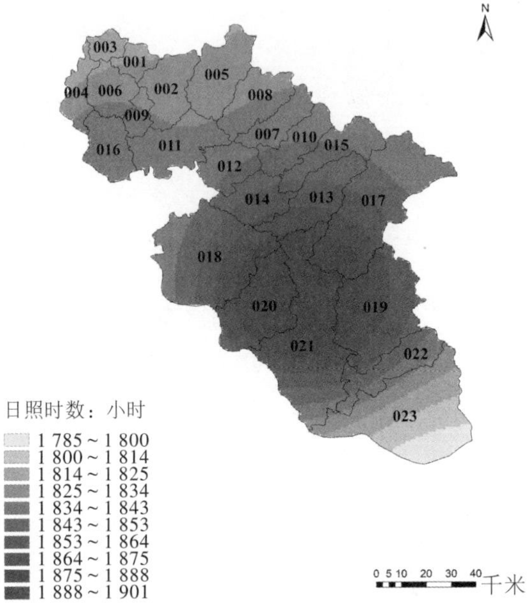

图 4-61　黄冈市 2011 年日照时数分布图

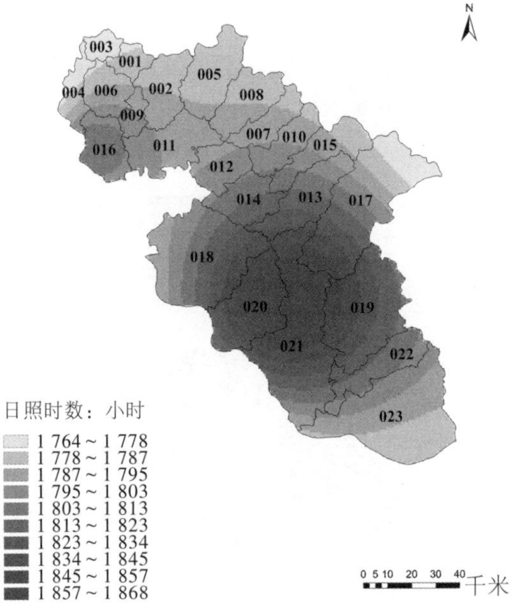

图 4-62　黄冈市 2012 年日照时数分布图

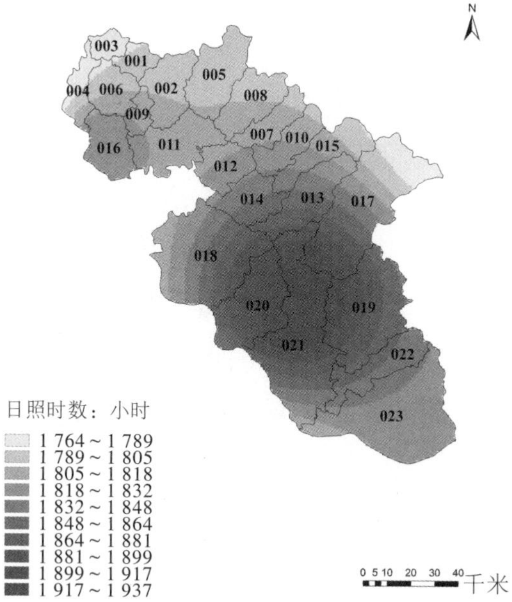

图 4-63　黄冈市 2013 年日照时数分布图

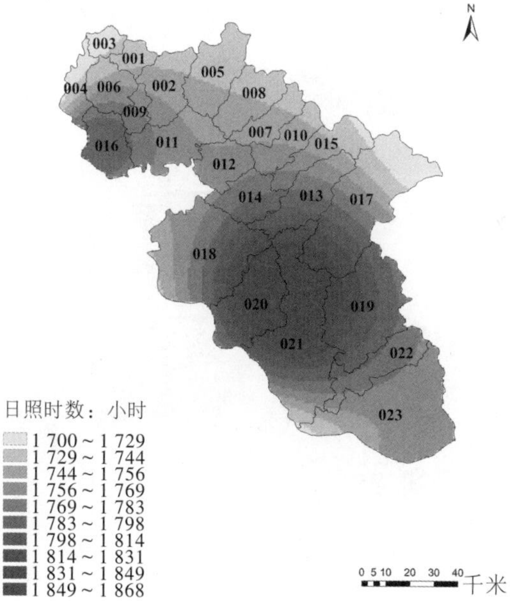

图 4-64　黄冈市 2014 年日照时数分布图

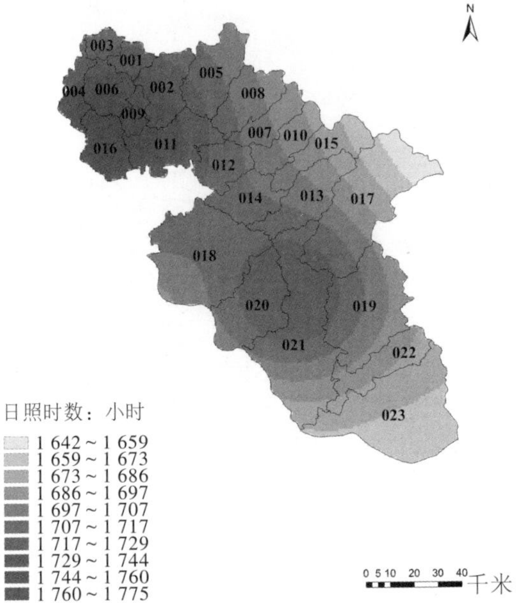

图 4-65　黄冈市 2015 年日照时数分布图

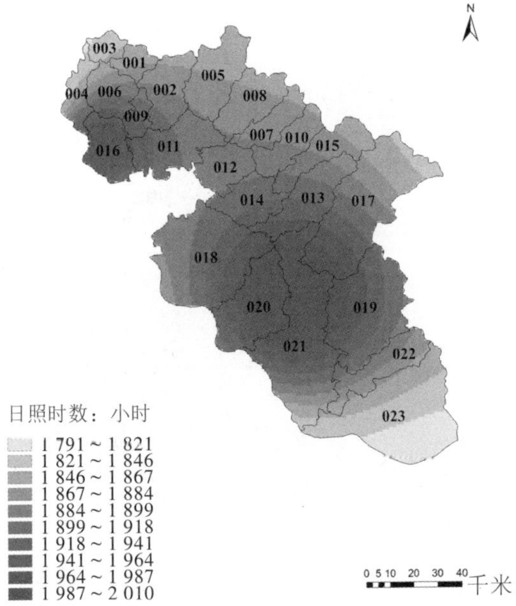

图 4-66　黄冈市 2016 年日照时数分布图

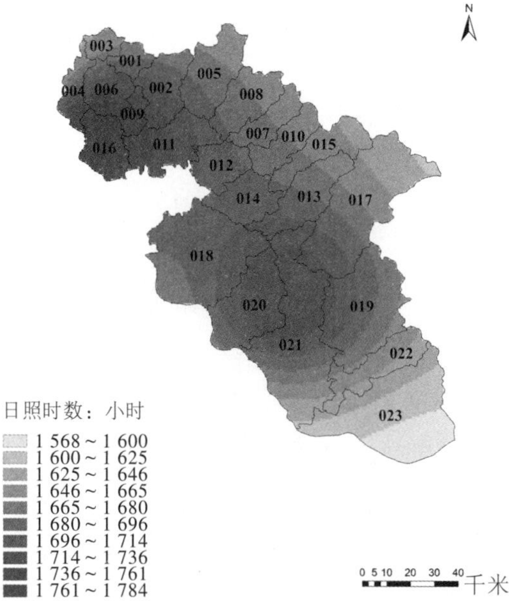

图 4-67　黄冈市 2017 年日照时数分布图

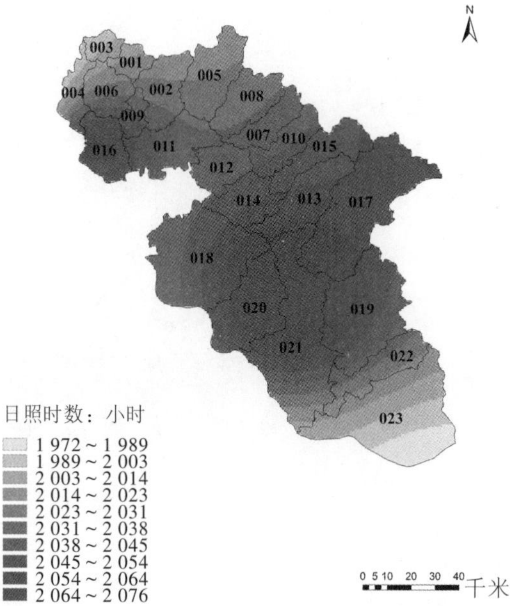

图 4-68　黄冈市 2018 年日照时数分布图

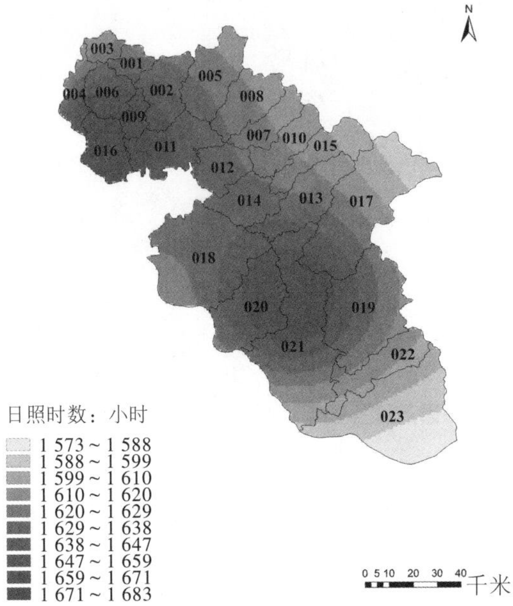

图 4-69　黄冈市 2019 年日照时数分布图

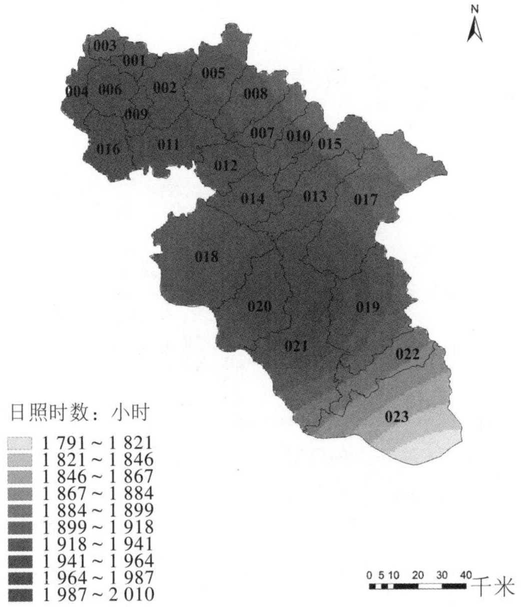

图 4-70　黄冈市 2020 年日照时数分布图

通过对黄冈市2001—2020年日照时数分布图的对比分析，并结合黄冈市2001—2020年各流域日照时数表，我们发现：2001—2020年，除2003年仅东南部黄梅县龙感湖一带日照时数较少，其余大部地区日照时数较为均等以外，黄冈市日照时数在空间上分布不均。除2006年中部偏低、东北部偏高之外，其余年份均大致呈现西北部和中部高、东北部和东南部低的分布格局。日照时数高值长年出现于西北部的红安县、麻城市与中部的浠水、蕲春、罗田、英山四县之间，即流域9、11、16与17、19、20、21之间。日照时数低值长年分布于东南部的黄梅县沿江及龙感湖一带，即流域23东南部，原因应为该地河湖密布、蒸发较快、云层更厚、对太阳辐射的削弱作用更为明显。

日照时数最低值与最高值相差约408小时，年日照时数最低值出现在2019年，为1 622小时，较累年（2001—2020年）平均值偏低约9.54%，当年日照时数最低值与最高值相差约110小时；年日照时数最高值出现在2018年，为2 030小时，较累年（2001—2020年）平均值偏高约13.21%，当年日照时数最低值与最高值相差约104小时。2019年与2018年年日照时数差值达408小时。

2006年、2012年、2016年、2018年年日照时数分布较为均匀，其中2006年差异最小，日照时数最低值与最高值相差69小时；2001—2002年、2017年年日照时数分布差异较大，其中2002年差异最大，日照时数最低值与最高值相差约350小时。

2017—2019年日照时数变幅较大，其中2018—2019年间尤为显著，2019年较2018年降低约20.1%。

总体而言，从时间角度分析，黄冈市2001—2020年年日照时数变幅适中，无明显变化规律，但基本上呈下降趋势，应与整体上降水量呈增长态势有关；从空间角度分析，黄冈市2001—2020年年日照时数总体分布不均，结合逐年降水量分布图、积温分布图发现：日照时数高值与降水量、积温高值长年共同出现于中部的浠水、蕲春、罗田、英山四县之间，即流域17、19、20、21之间，应与这些地区日照时数较长导致积温更高、对流更为旺盛导致降水量更多有关。日照时数低值长年分布于东南部的黄梅县一带，即流域23，应与当地河湖密布、水汽充足、大气对太阳辐射的削弱作用更为明显有关。

4.3 分析评述

总体上，黄冈市2001—2020年植被覆盖状况向好，尤其是东部高海拔山区。主要气候因子变化幅度整体较大，表现出明显变化的是降水量，呈现上升趋势的是降水量与积温，但均呈波动上升趋势；日照时数呈波动下降趋势。其中，降水量、积温、日照时数高值长年重合，出现于中部的浠水、蕲春、罗田、英山四县之间，即流域17、19、20、21之间，应与这些地区日照时数更长导致积温更高，进而导致对流更为旺盛，且与迎风坡叠加有关。但从整个研究区域的角度来看，植被覆盖度高值区域与气候因子高值区域并不重合，因此需进一步研究分析。

4.4 本章小结

本章主要从宏观角度对鄂东大别山地区的植被覆盖状况与气候变化状况进行分析，初步获得了研究区域植被覆盖状况与气候因子变化之间的趋势，为后续进一步的深入分析奠定了基础。为此，本章基于黄冈市2001—2020年整体植被覆盖度与主要气候因子的时空分布状况进行分析评述。其主要内容如下：

（1）黄冈市2001—2020年植被覆盖度变化幅度虽大，但整体上表现为上升趋势，说明鄂东大别山地区山区生态环境趋于良好；东部及北部山区植被覆盖状况良好，且始终保持增长态势，平原地区变化幅度大。

（2）黄冈市西部与南部地区植被覆盖度波动较大，尤以南部为甚，这应与两地为平原地区，人类活动频繁，耕地集中，且南部地区多为河湖、围堰和民垸，以及当地的农业生产方式有紧密联系。

（3）黄冈市2001—2020年的降水量、积温及日照时数变化基本无规律可循，降水量变化幅度最大。降水量和积温总体上呈上升趋势，日照时数总体上呈下降趋势，各流域间分布不均。

5

植被覆盖度对气候变化响应机制的初步分析

就本书的研究目的而言，仅以研究区域整体作为尺度，对植被覆盖时空分布与主要气候因子时空分布进行研究，是远远不够的，还应对植被覆盖度变化与气候因子变化的相关关系开展更加深入的分析研究，并且要从与研究区域内部地理特征更为一致的小区域的视角，对植被覆盖度与气候变化的响应关系进行分析，进而以自然的逻辑视角进行探讨。因此，本章从降水量、积温和日照时数三个主要气候因子入手，对各流域植被覆盖度与气候变化特征的响应关系进行深入分析。

5.1 植被覆盖度对降水量变化的响应分析

5.1.1 研究区域植被覆盖度对降水量变化的响应机制

通过梳理黄冈市2001—2020年植被覆盖度与年降水量变化的相关数据，以曲线拟合的方式对黄冈市逐年植被覆盖度与年降水量的关系进行分析（如图5-1所示），发现黄冈市2001—2020年植被覆盖度与年降水量变化之间呈较弱的正相关性。

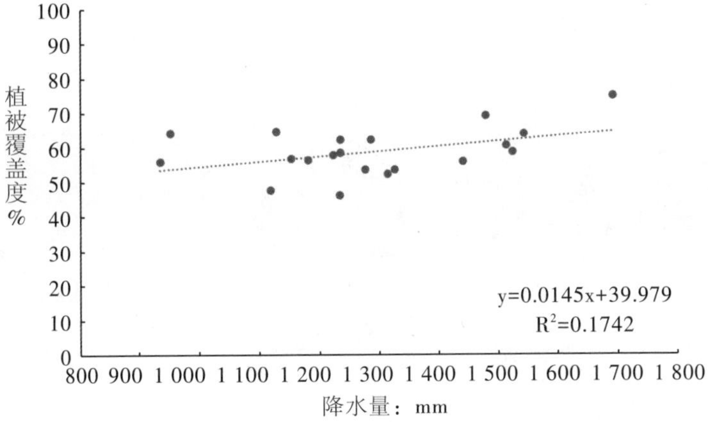

图5-1 黄冈市2001—2020年植被覆盖度与年降水量变化关系图

为了了解黄冈市整体植被覆盖度与年降水量变化之间的关系，运用SPSS软件对黄冈市2001—2020年植被覆盖度与年降水量变化的相关性进行分析，计算得出相关系数为0.425，二者呈现出较为明显的正相关性。

考虑到从研究区域整体的行政逻辑视角，对植被覆盖度与年降水量变化的相关性进行分析，不足以说明二者间的关系，因此有必要从体现自然逻辑关系的空间范围更小的各流域角度出发，展开植被覆盖度对年降水量变化响应机制的分析。

5.1.2 各流域植被覆盖度对降水量变化的响应分析

基于自然逻辑展开分析的考虑，本书从各流域的角度入手，采用相对适宜的空间尺度，对内部要素更为相近的自然地理单元进行分析，以期立足于地理现象的底层逻辑，揭示出植被覆盖度与主要气候因子变化之间的相关性。通过分析黄冈市2001—2020年各流域植被覆盖度与年降水量变化之间的关系（如图5-2至图5-24所示）我们发现：各流域植被覆盖度与年降水量变化之间的关系差异显著，无法直接通过各流域植被覆盖度与年降水量变化之间的关系来揭示其响应机制。

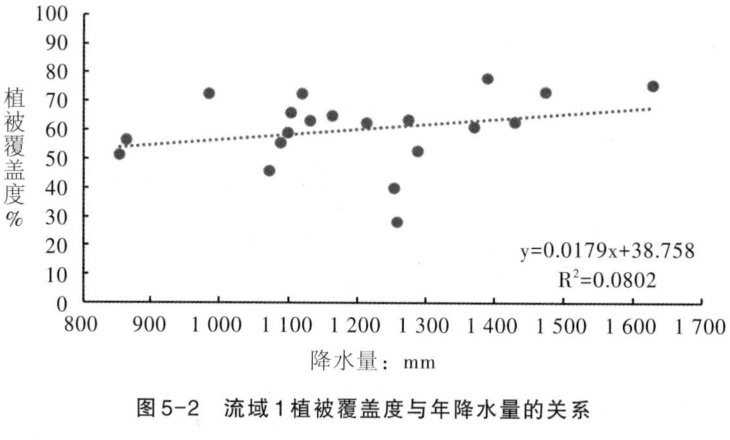

图5-2 流域1植被覆盖度与年降水量的关系

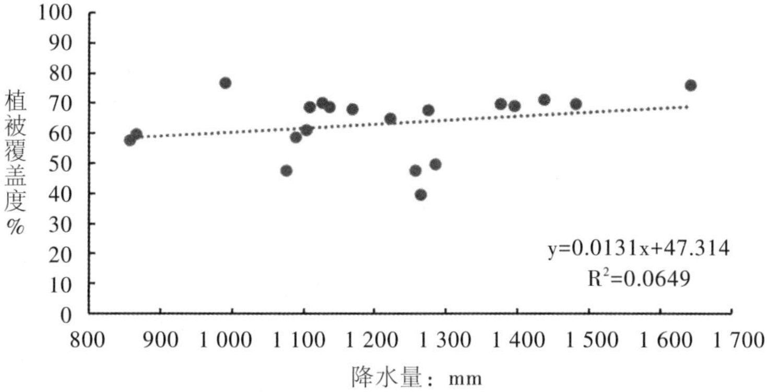

图5-3　流域2植被覆盖度与年降水量的关系

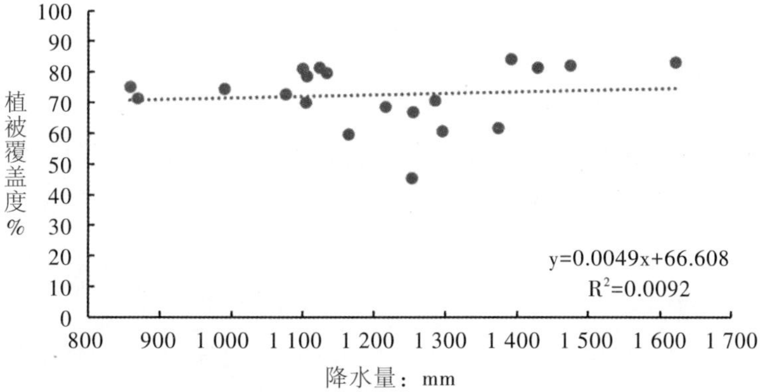

图5-4　流域3植被覆盖度与年降水量的关系

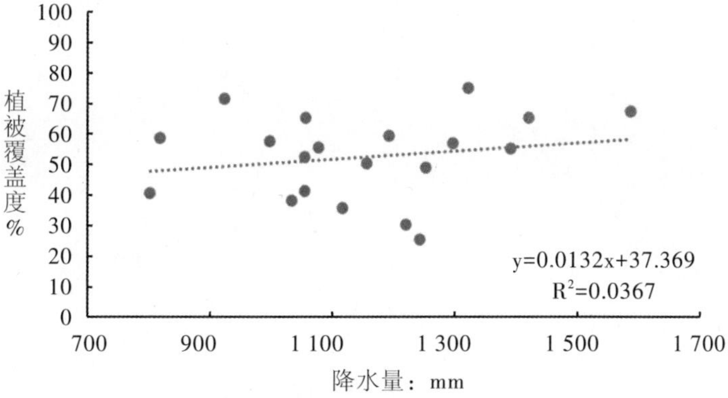

图5-5　流域4植被覆盖度与年降水量的关系

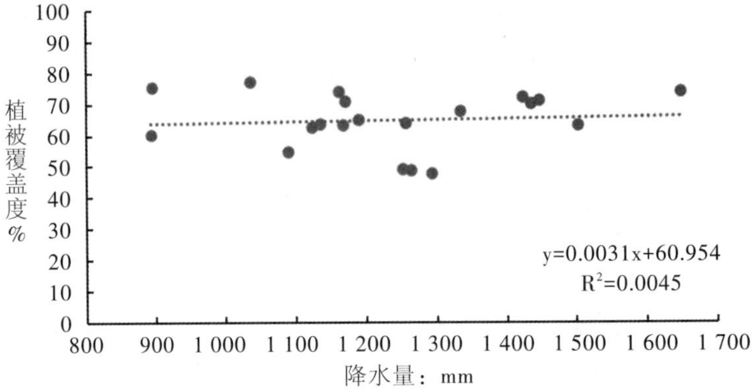

图5-6　流域5植被覆盖度与年降水量的关系

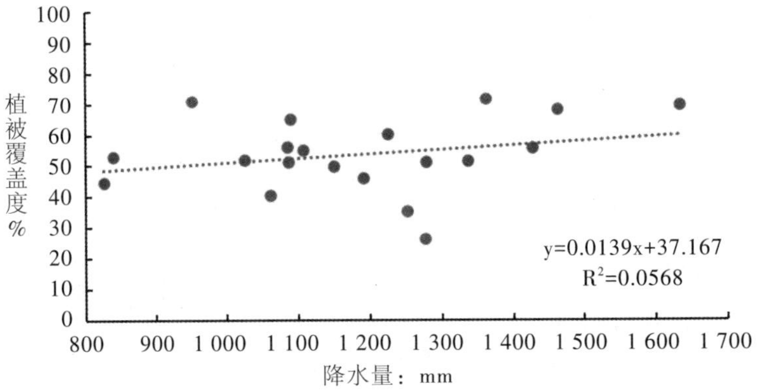

图5-7　流域6植被覆盖度与年降水量的关系

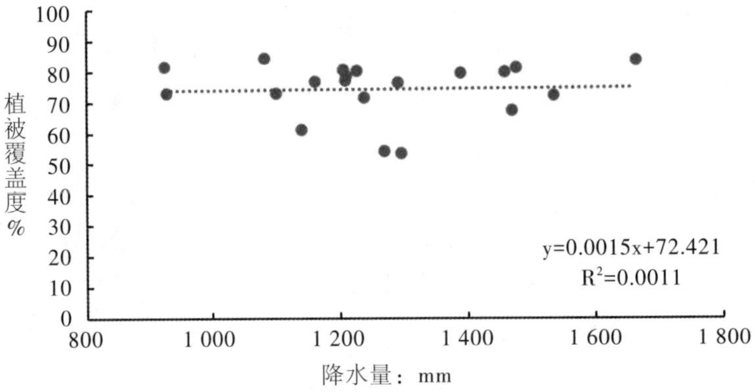

图5-8　流域7植被覆盖度与年降水量的关系

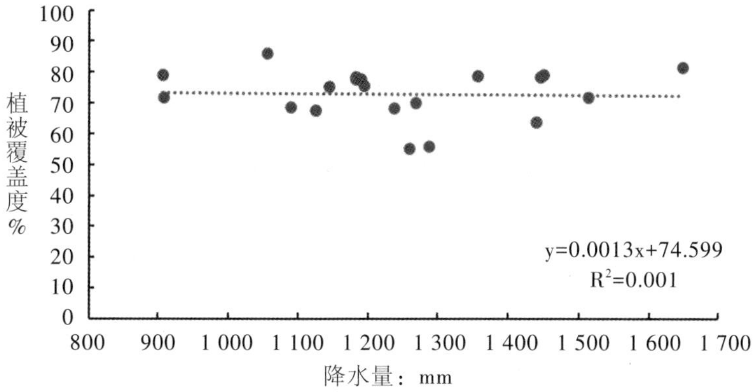

图 5-9　流域 8 植被覆盖度与年降水量的关系

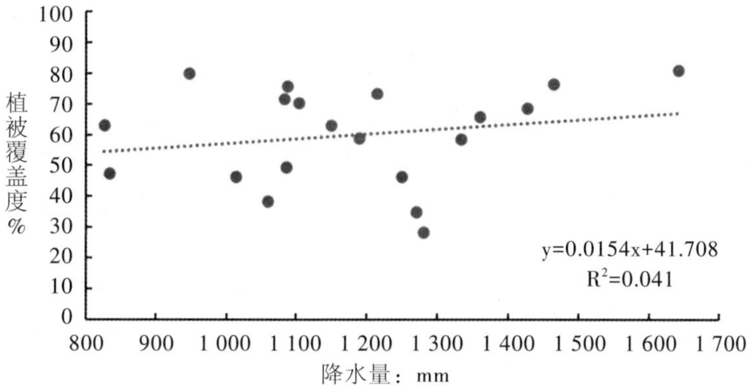

图 5-10　流域 9 植被覆盖度与年降水量的关系

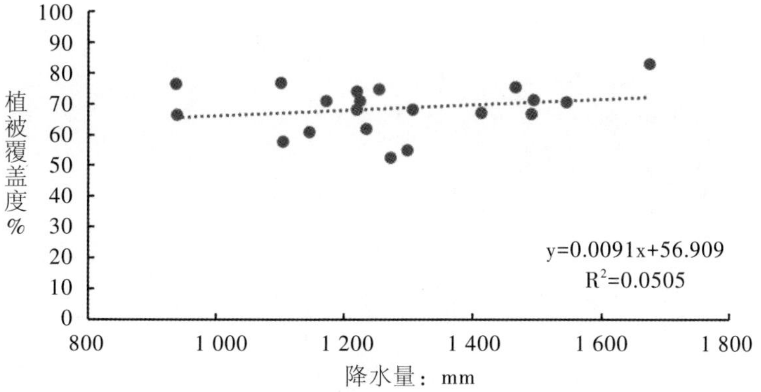

图 5-11　流域 10 植被覆盖度与年降水量的关系

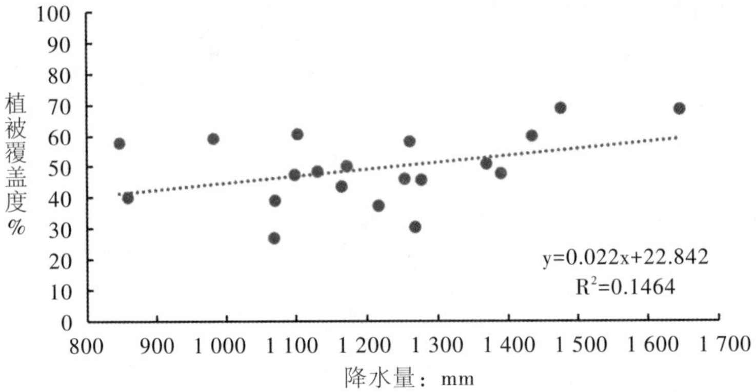

图 5-12　流域 11 植被覆盖度与年降水量的关系

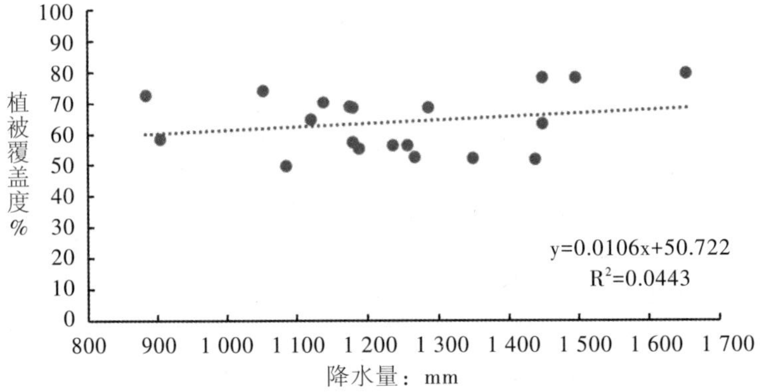

图 5-13　流域 12 植被覆盖度与年降水量的关系

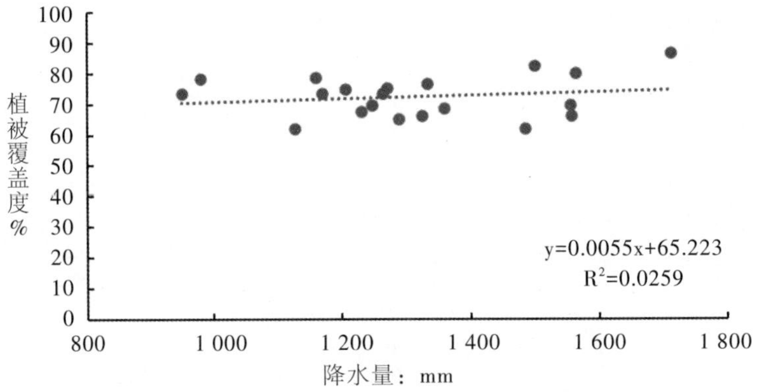

图 5-14　流域 13 植被覆盖度与年降水量的关系

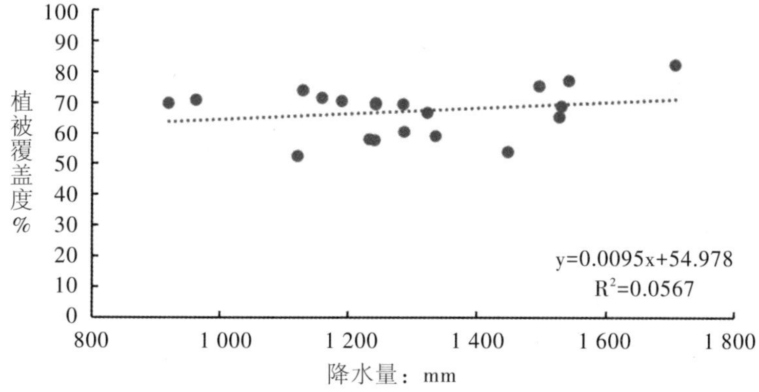

图 5-15　流域 14 植被覆盖度与年降水量的关系

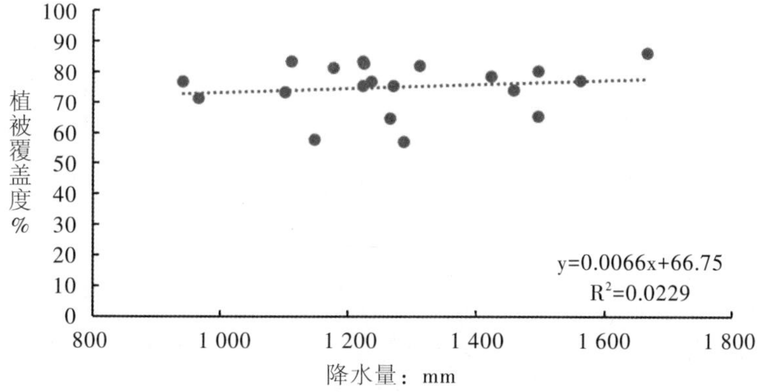

图 5-16　流域 15 植被覆盖度与年降水量的关系

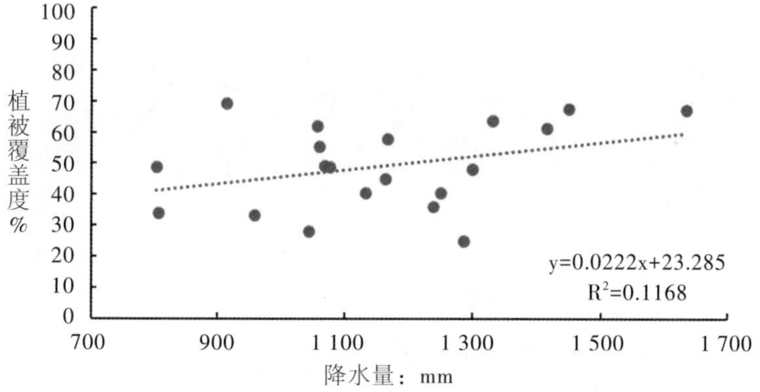

图 5-17　流域 16 植被覆盖度与年降水量的关系

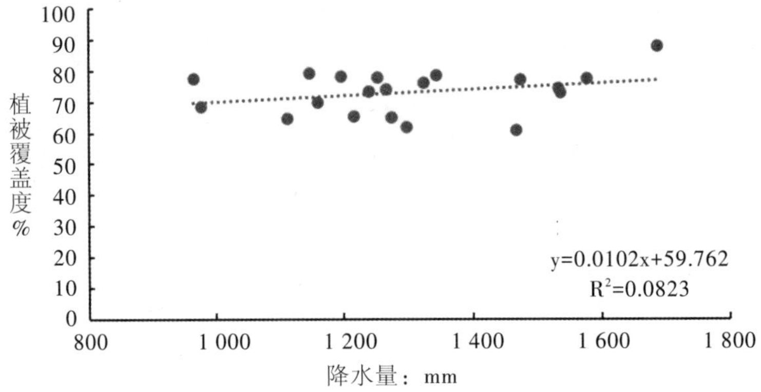

图 5-18　流域 17 植被覆盖度与年降水量的关系

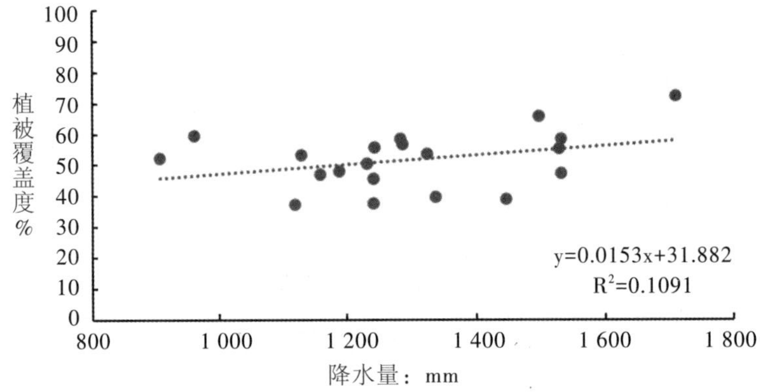

图 5-19　流域 18 植被覆盖度与年降水量的关系

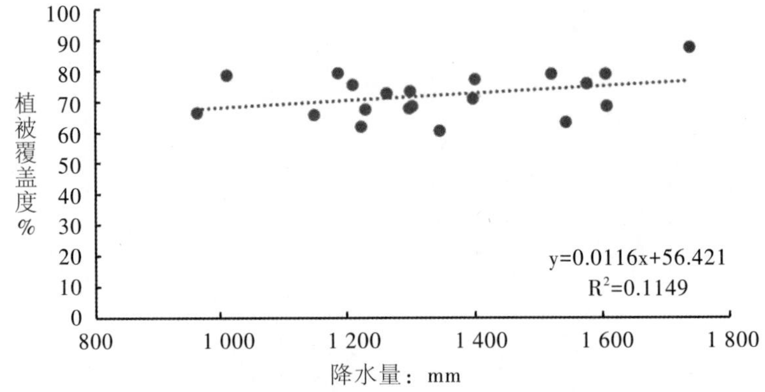

图 5-20　流域 19 植被覆盖度与年降水量的关系

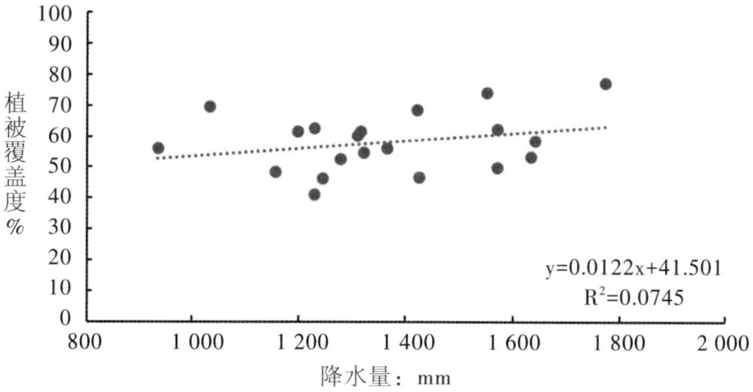

图 5-21　流域 20 植被覆盖度与年降水量的关系

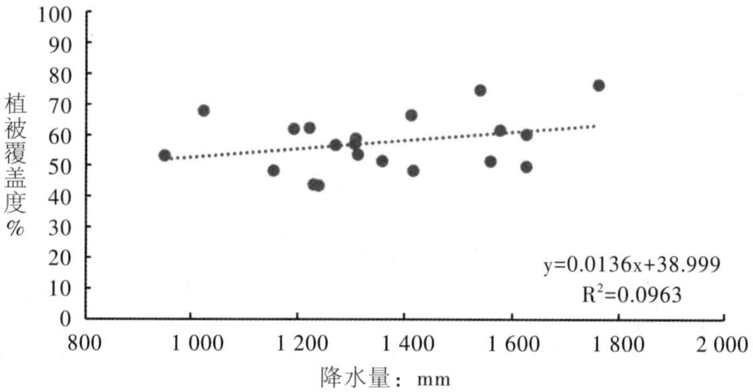

图 5-22　流域 21 植被覆盖度与年降水量的关系

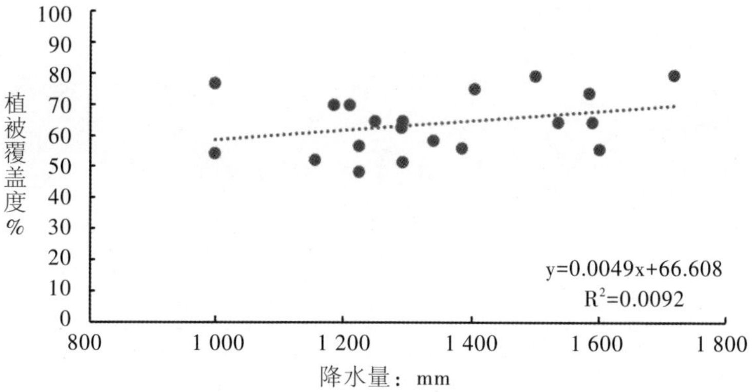

图 5-23　流域 22 植被覆盖度与年降水量的关系

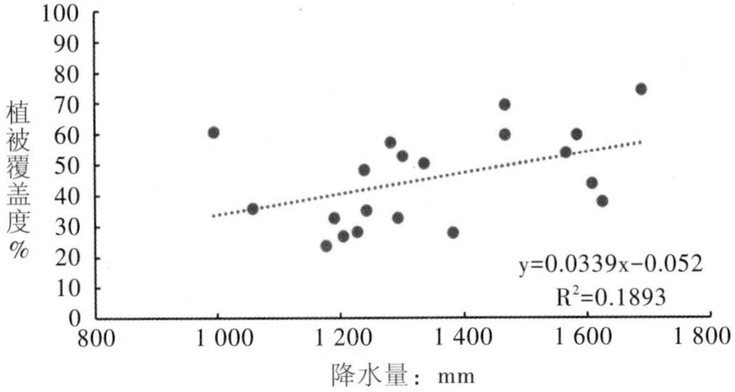

图 5-24　流域 23 植被覆盖度与年降水量的关系

为进一步明确无明显相关性的流域间植被覆盖度与降水量变化的响应关系，有必要基于水文学降水量对植被生长贡献的原理，构建降水-植被系数，以便深入分析二者之间的关系。

$$P_r = V_c \times 1\,000/R \tag{5-1}$$

在式 5-1 中，P_r 为降水-植被系数，V_c 指植被覆盖度，R 指降水量，通过该式可分析出降水量对植被生长贡献率的大小影响流域内植被生长的程度。考虑到小数位过多将不利于分析对比，故将 V_c 乘以 1 000，既可明了地分析其相关关系，也可保持系数数值在归一化区间内。基于此，我们制作黄冈市 2001—2020 年降水-植被系数与降水量关系图，如图 5-25 至图 5-47 所示。

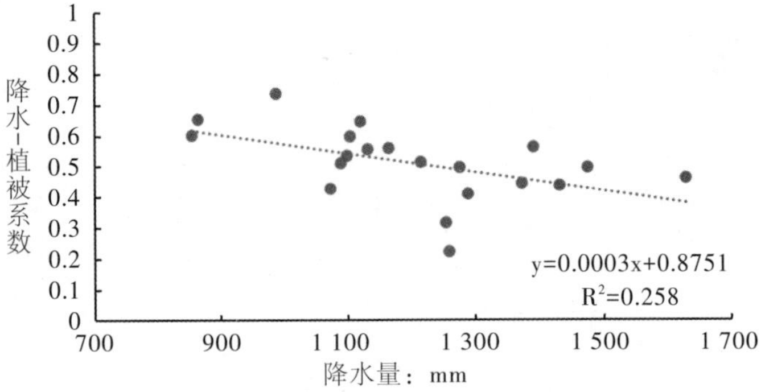

图 5-25　流域 1 降水-植被系数与降水量关系

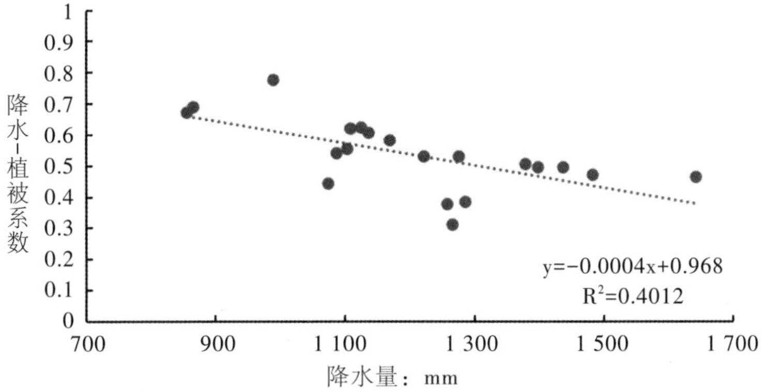

图 5-26　流域 2 降水-植被系数与降水量关系

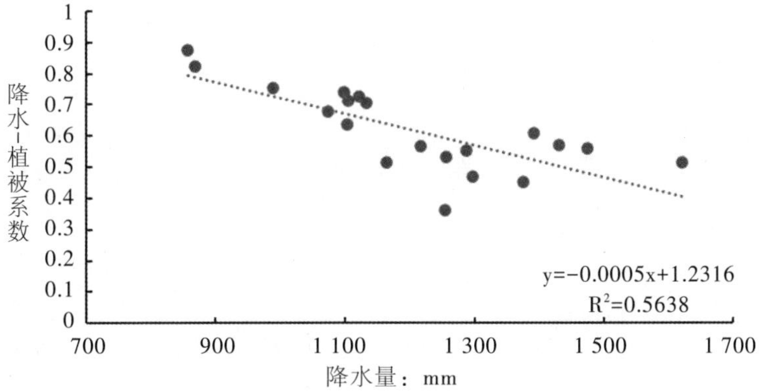

图 5-27　流域 3 降水-植被系数与降水量关系

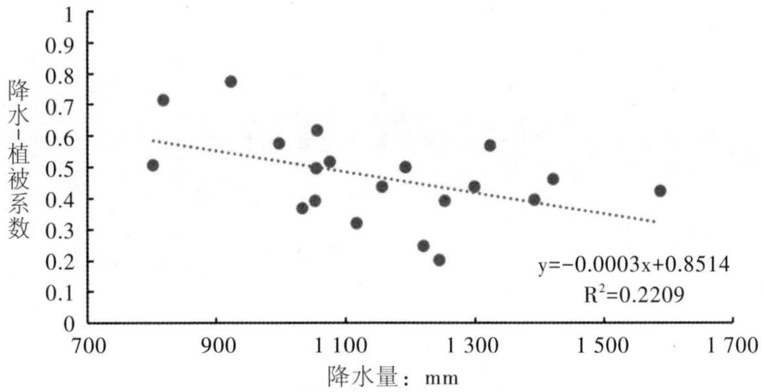

图 5-28　流域 4 降水-植被系数与降水量关系

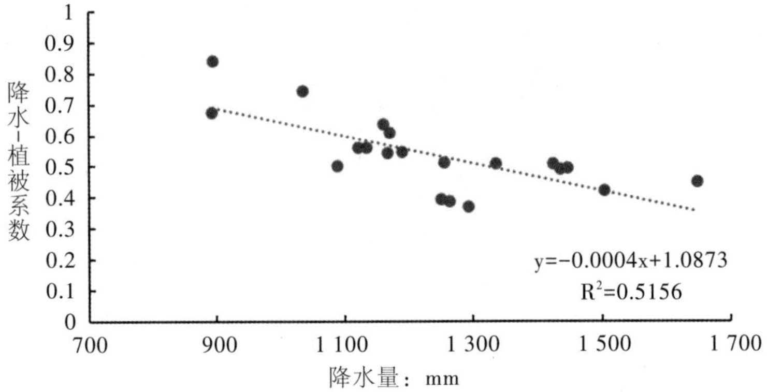

图 5-29　流域 5 降水-植被系数与降水量关系

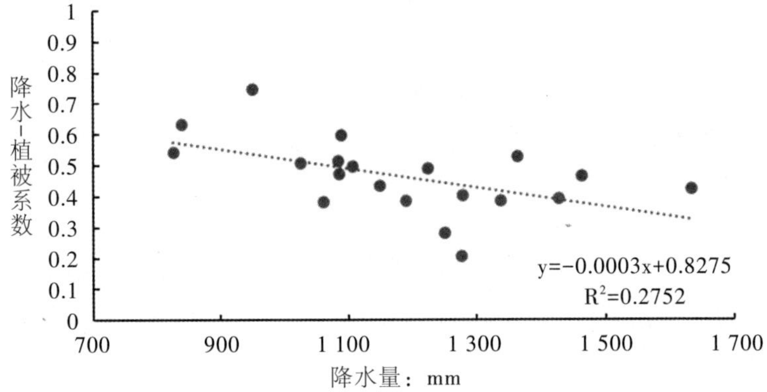

图 5-30　流域 6 降水-植被系数与降水量关系

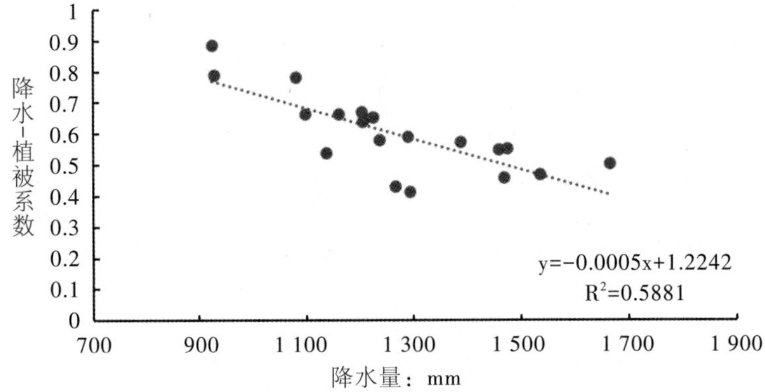

图 5-31　流域 7 降水-植被系数与降水量关系

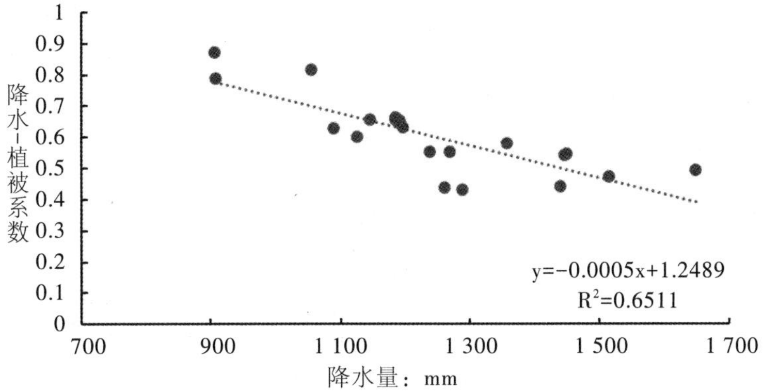

图 5-32　流域 8 降水-植被系数与降水量关系

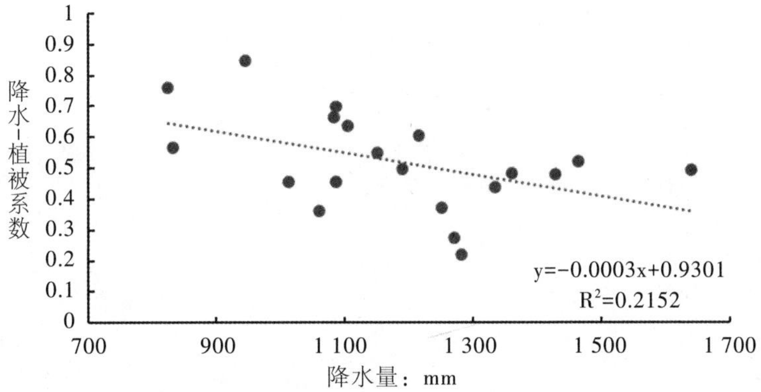

图 5-33　流域 9 降水-植被系数与降水量关系

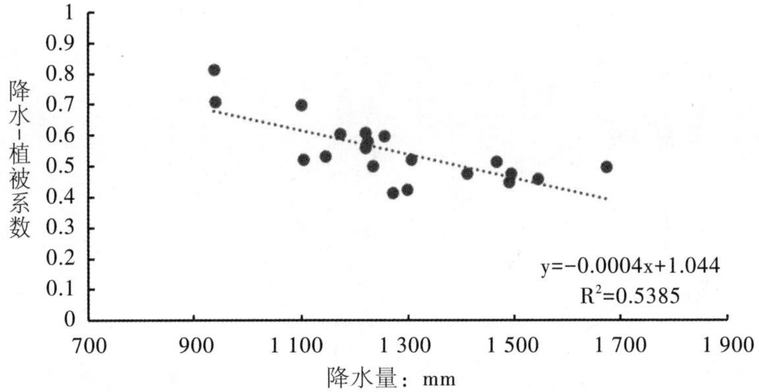

图 5-34　流域 10 降水-植被系数与降水量关系

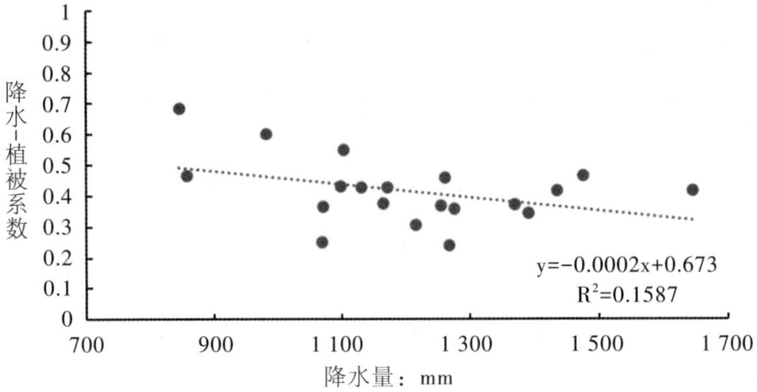

图5-35　流域11降水-植被系数与降水量关系

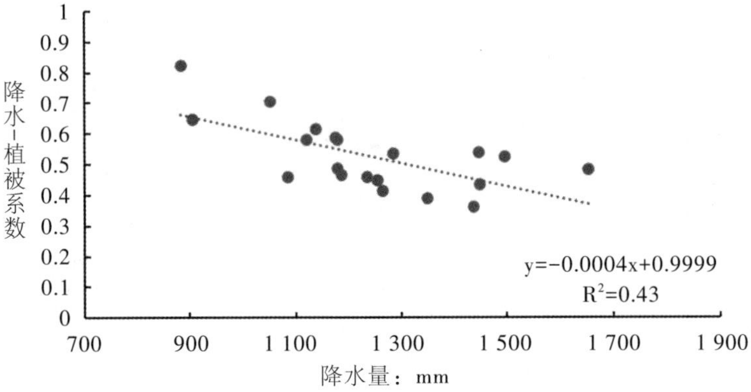

图5-36　流域12降水-植被系数与降水量关系

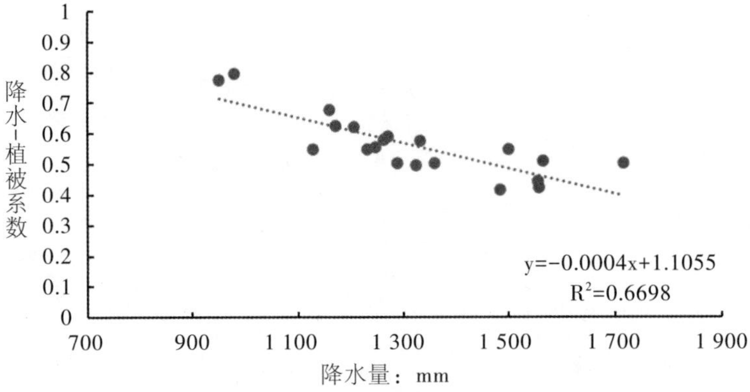

图5-37　流域13降水-植被系数与降水量关系

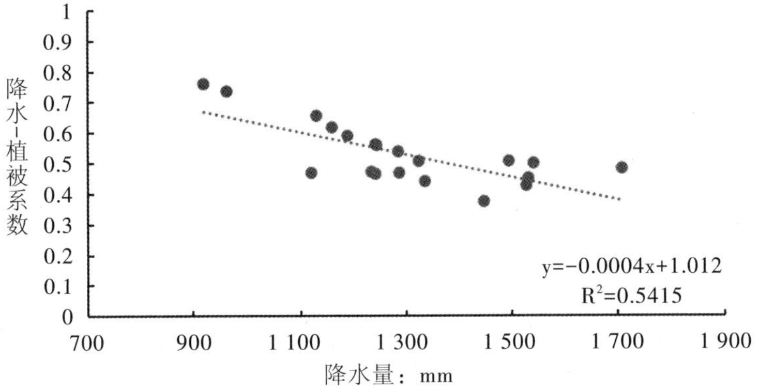

图 5-38　流域 14 降水-植被系数与降水量关系

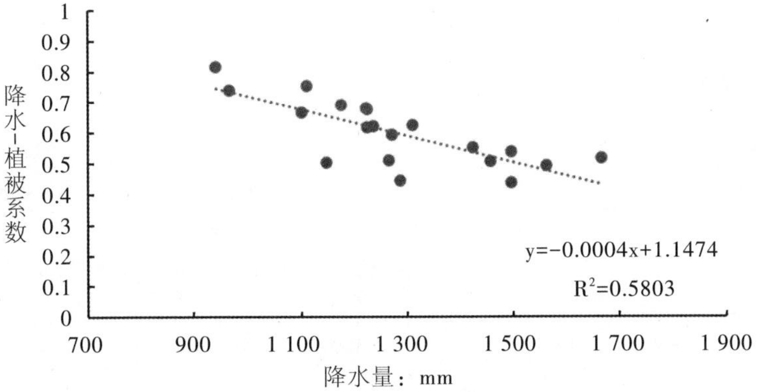

图 5-39　流域 15 降水-植被系数与降水量关系

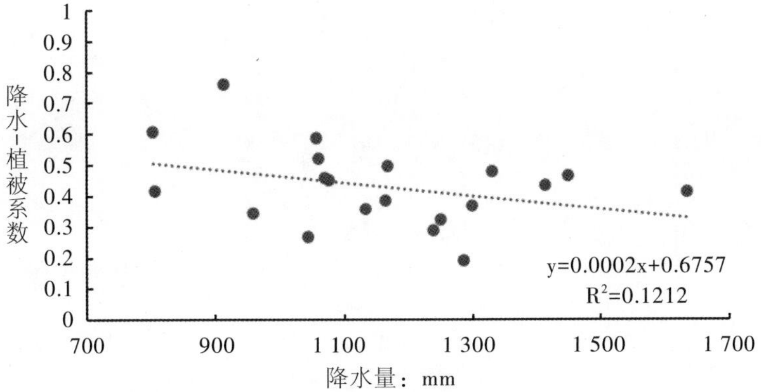

图 5-40　流域 16 降水-植被系数与降水量关系

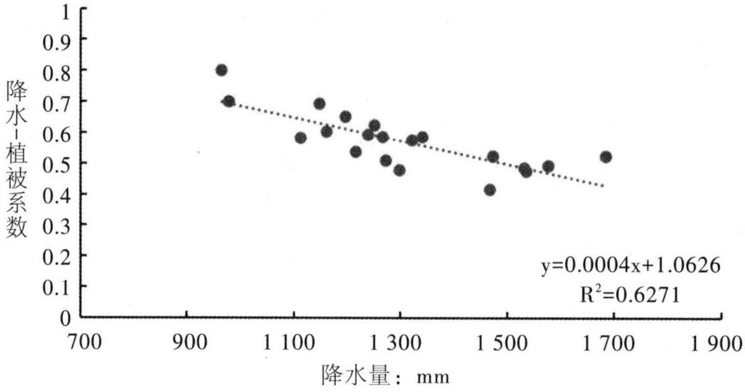

图 5-41　流域 17 降水-植被系数与降水量关系

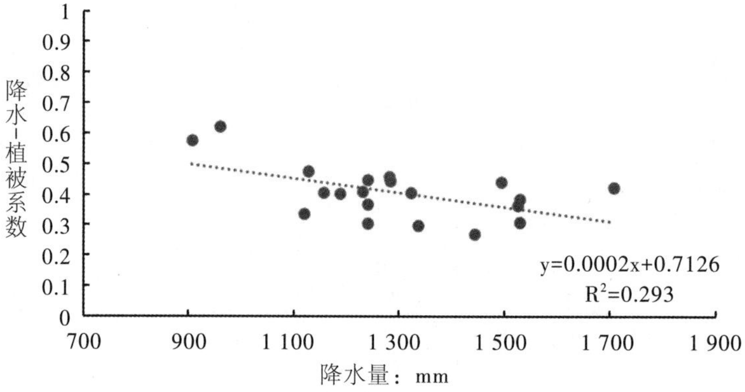

图 5-42　流域 18 降水-植被系数与降水量关系

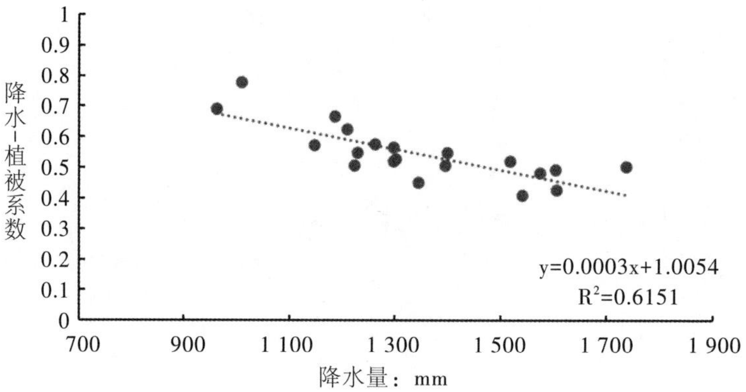

图 5-43　流域 19 降水-植被系数与降水量关系

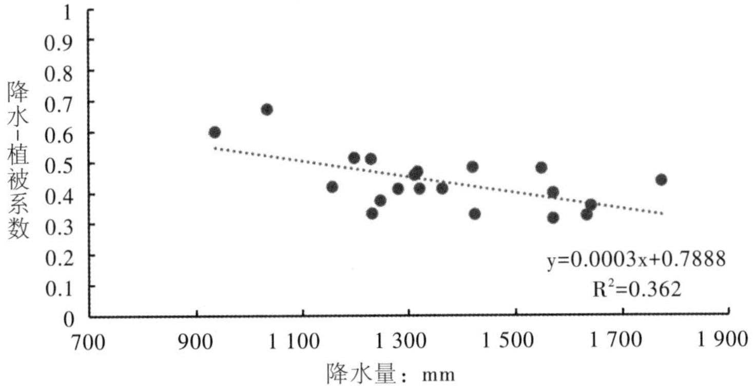

图 5-44　流域 20 降水-植被系数与降水量关系

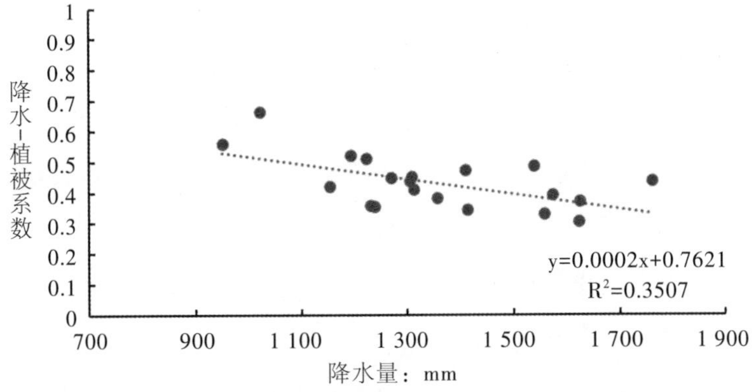

图 5-45　流域 21 降水-植被系数与降水量关系

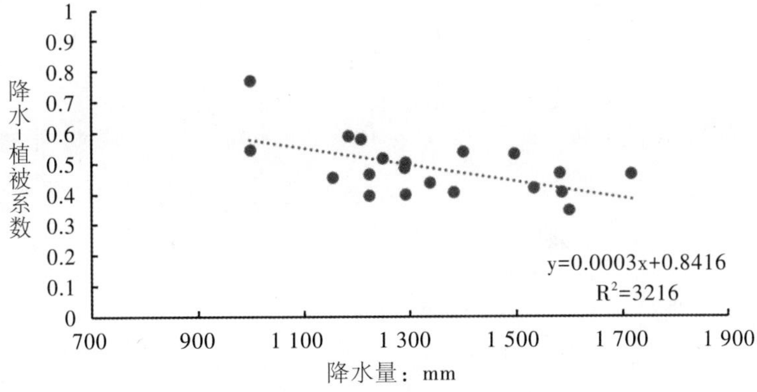

图 5-46　流域 22 降水-植被系数与降水量关系

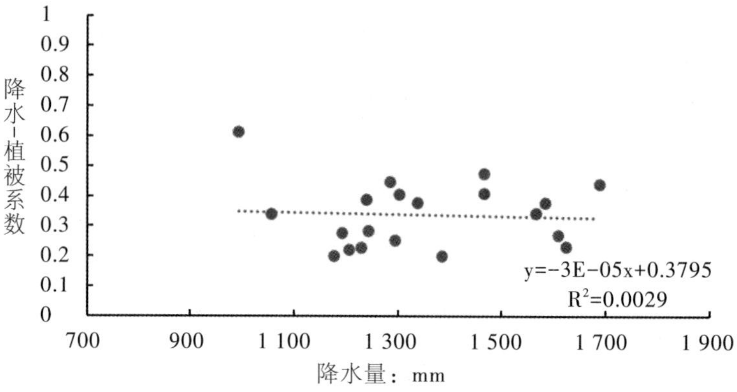

图 5-47　流域 23 降水-植被系数与降水量关系

结合黄冈市2001—2020年各流域植被覆盖度与降水量变化关系图与黄冈市2001—2020年各流域降水-植被系数与降水量变化关系图我们发现：植被覆盖度与降水量变化之间呈现出较为明显的正相关关系，且降水-植被系数与降水量变化之间呈现出弱相关性或无明显相关性的流域为流域11、16、18、22、23，随着降水量的增加，其植被覆盖度也相应呈现出上升的趋势，而其降水-植被系数则较低；植被覆盖度与降水量变化之间呈现出较为明显的正相关关系，且降水-植被系数与降水量变化之间呈现出较为明显的负相关性的流域为流域19，其降水-植被系数较高；植被覆盖度与降水量变化之间呈现出微弱的正相关性或未呈现出明显的相关性，且降水-植被系数与降水量变化之间呈现出较为明显的负相关性的流域为流域2、3、5、7、8、10、12、13、14、15、17，其降水-植被系数较高；植被覆盖度与降水量变化之间呈现出微弱的正相关性或未呈现出明显的相关性的流域为流域1、4、6、9、20、21，且降水-植被系数适中，降水-植被系数与降水量变化之间呈现出较弱的相关性。

结合黄冈市DEM图与黄冈市土地利用类型进一步分析发现：流

域11、16、18、22、23均为平原地区，地形起伏小，多耕地；流域19为山区，地形起伏大，但耕地面积较大；流域2、3、5、7、8、10、12、13、14、15、17为高海拔山区，地形起伏大；流域1、4、6、9、20、21为低山丘陵向平原过渡区域，多耕地，且流域内河湖或水库面积占比较大。

5.1.3 研究区域植被覆盖度对降水量变化的响应特征

整体而言，黄冈市2001—2020年植被覆盖度与降水量变化呈正相关关系，且根据此前计算得出的相关系数，表明降水量是对黄冈市植被覆盖状况影响较为明显的气候因子；而从黄冈市2001—2020年植被覆盖度与降水量关系图（如图5-1所示）中得出的二者呈较弱的相关性的结论，原因应与初始年（2001年）植被覆盖情况较好，且黄冈市整体植被覆盖基础好有关。此外，黄冈市内部各流域间地理要素分异较大，故呈现出此特征。为从自然空间角度进行分析，故将研究视角进一步精确到内部自然要素较为一致的各流域上。

通过对划分出的23个流域逐一进行分析发现：流域11、16、18、22、23的植被覆盖度与降水量变化之间呈现出较为明显的正相关关系，降水-植被系数与降水量变化之间呈现出弱相关性或无明显相关性，原因应为这些流域均位于平原地区，地形起伏小，耕地面积大，植被覆盖基础较好，且降水量的增加对农作物及林地、灌丛生长有促进作用；流域19的植被覆盖度与降水量变化之间呈现出较为明显的正相关关系，降水-植被系数与降水量变化之间呈现出较为明显的负相关关系，原因应为该流域虽位于高海拔山区，整体地形起伏大，但流域内山间与河谷间耕地面积较大，降水量增加大时，既对坡度较大地区的植被造成破坏，也对农作物及经济林等人工园地的植被生长起促进作用；流域2、3、5、7、8、10、12、13、14、15、17的植被覆盖度与降水量变化之间呈现出微弱的正相关性或未呈现出明显的相关性，降水-植被系数与降水量变化之间呈现出较为明显的负相关性，原因应为这些流域位于高海拔山区，地形起伏大，降水量增加会加剧坡度较大地区的土壤侵蚀作用，进而使水土流失加剧，且当山区降水增多时，积温及日照时数往往降低，影响植被光合作用，从而抑制植被生长；流域1、4、6、9、20、21的植被覆盖度与降水量变化之间呈现出微弱的正相关性或未呈现出明显的相关性，降水-植被系数与降水量变化之间呈现出较弱的相关性，原因应为这些流域处于低山丘陵向平原地区过渡的地带，地形起伏程度适中，且河湖、水库等水体面积占比较大，耕地面积大，人类活动频繁，降水量对植被生长的促进与抑制作用不甚明显。

为进一步明晰高海拔山区植被覆盖度与降水量变化之间呈弱正相关性或无明显相关性、降水-植被系数与降水量变化呈明显负相关性的原因，尝试构建地形起伏指数T_i，获得各流域间地形起伏状况，进而研究植被覆盖度变化特征。

$$T_i = \frac{\sum_{i=1}^{n}\left(DEM_{min} - DEM_i\right)}{\sum_{i=1}^{n} k} \cdot S/10\,000 \tag{5-2}$$

在式5-2中，T_i为地形起伏指数，取两位小数，DEM_{min}指流域内高程最低值，DEM_i为i各栅格点的高程，k为该流域遥感影像的栅格数，S为该流域平均坡度，完成计算后除以10 000，消除数值过大的影响。

运用ENVI软件，通过黄冈市DEM数据，计算各流域的平均坡度，得到黄冈市各流域平均坡度与地形起伏指数表（见表5-1）。

表5-1　　　　**黄冈市各流域平均坡度与地形起伏指数表**

流域	流域1	流域2	流域3	流域4	流域5	流域6	流域7	流域8	流域9	流域10	流域11	流域12
平均坡度 S	9.52	9.83	14.41	7.75	11.63	7.85	16.48	13.89	9.81	13.94	6.03	12.77
地形起伏指数 T_i	0.23	0.26	0.58	0.16	0.45	0.17	0.93	0.66	0.23	0.62	0.12	0.51
流域	流域13	流域14	流域15	流域16	流域17	流域18	流域19	流域20	流域21	流域22	流域23	
平均坡度 S	13.22	13.26	16.6	5.94	14.27	6.93	13.58	7.86	7.83	12.08	3.82	
地形起伏指数 T_i	0.54	0.48	1.08	0.1	0.79	0.14	0.6	0.15	0.2	0.48	0.05	

结合黄冈市各流域降水-植被系数与降水量关系图和黄冈市各流域平均坡度与地形起伏指数表分析发现：地势起伏较大的流域，降水量的增加对地表植被覆盖状况具有一定的抑制或破坏作用，具体表现为通常在地形起伏较大的流域，降水-植被系数数值更大，降水-植被系数与降水量变化之间的负相关性更为显著。

根据上述分析结果，笔者决定在黄冈市展开实地考察以进行验证，以考证地形起伏指数与降水-植被系数以及植被生长状况之间的关系、在地形起伏较大的流域降水量对植被生长起抑制作用的原因（如图5-48所示），结果发现：黄冈市山区及平原地区均存在不同程度的植被破坏现象。其中，山区存在自然原因与人为原因并存的现象。其一，在地形起伏较大的山区，裸露坡面分布较多，水土流失严重，明显存在因强降水导致的冲蚀痕迹，植被生长环境遭到破坏；其二，在麻城市东部地区分布有面积较大的采石场，采石场周边存在乱砍滥伐的现象，地面有大面积的山体岩石裸露，当发生强降水时，由于地表缺少植被，极易发生山洪、泥石流及滑坡等自然灾害，对植被的生长造成破坏。由此可见，在地形起伏大的山区，存在因降水量的增加导致地表破坏程度加剧，从而抑制或破坏植被生长的状况。这证实了地形起伏指数、降水-植被系数与植被覆盖度之间的关系。

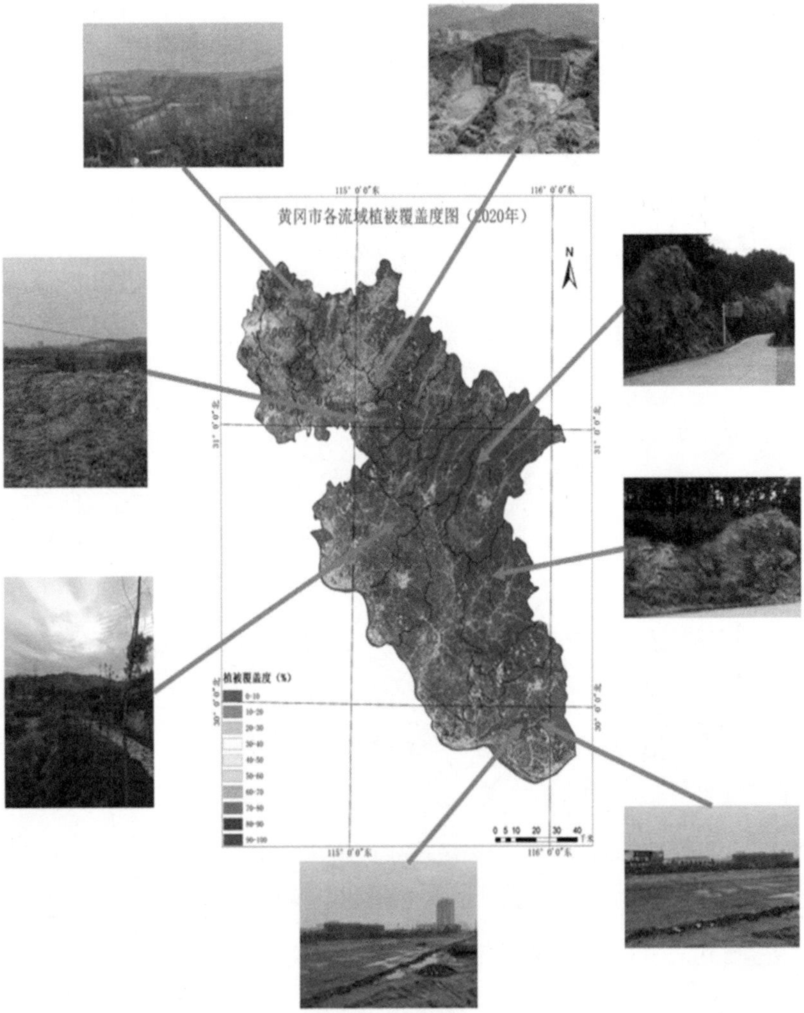

图5-48 实地考察图

5.2 植被覆盖度对积温变化的响应分析

5.2.1 研究区域植被覆盖度对积温变化的响应机制

通过绘制黄冈市2001—2020年植被覆盖度与年积温变化关系图（如图5-49所示）我们发现，黄冈市2001—2020年植被覆盖度与年积温变化之间呈微弱的负相关性。

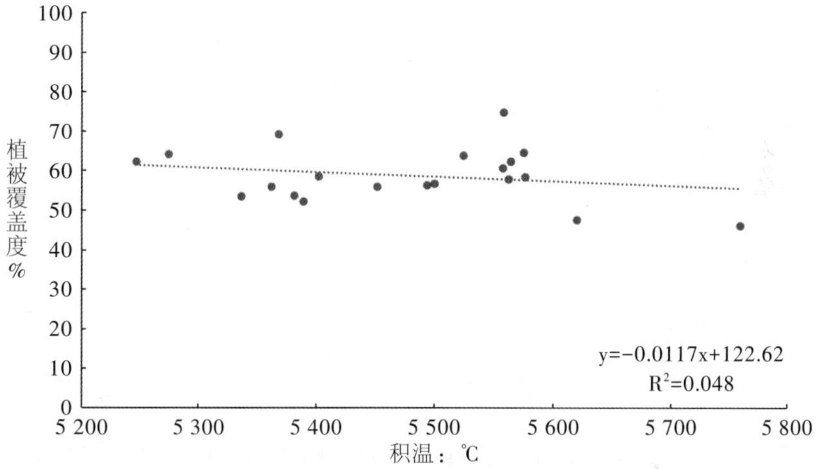

图5-49 黄冈市2001—2020年植被覆盖度与年积温变化关系图

我们利用SPSS软件对黄冈市2001—2020年植被覆盖度与年积温变化之间的相关性进行了分析，计算得出相关系数为-0.236，二者呈现出较弱的负相关性。

考虑到从研究区域整体的宏观视角对植被覆盖度与年积温变化的响应进行分析，不足以说明二者之间的关系，因此有必要从空间范围更小的各流域视角，基于自然空间尺度对植被覆盖度与年积温变化之间的关系进行分析。

5.2.2 各流域植被覆盖度对积温变化的响应分析

从各流域的角度入手，以更小的空间尺度，对内部要素更为一致的地貌单元进行分析，能更加细致且深入地分析出植被覆盖度与年积温变化之间的关系。为此，我们绘制了黄冈市2001—2020年各流域植被覆盖度与年积温关系图（如图5-50至图5-72所示），结果发现：植被覆盖度与年积温变化之间呈微弱负相关性的流域略占多数，植被覆盖度与年积温变化之间呈极微弱正相关性或无明显相关性的流域略占少数，因而无法直接通过各流域植被覆盖度与年积温之间的变化关系来揭示其响应机制。

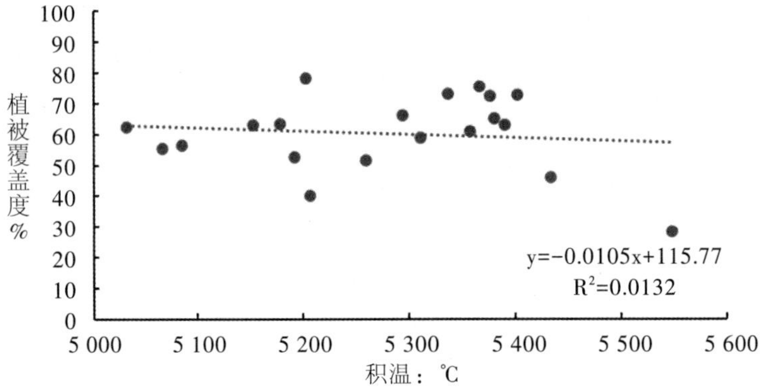

图5-50　流域1植被覆盖度与年积温的关系

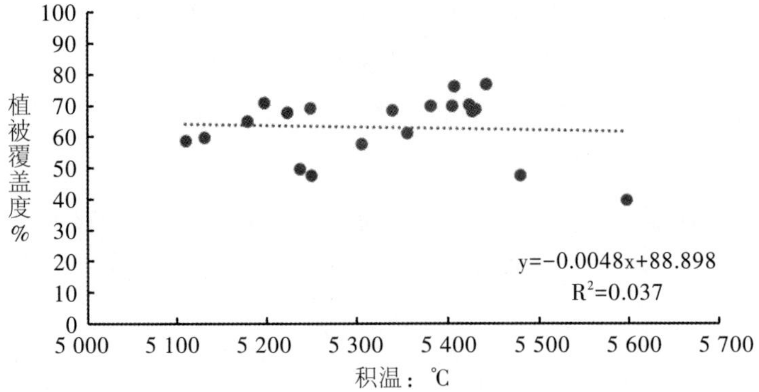

图5-51　流域2植被覆盖度与年积温的关系

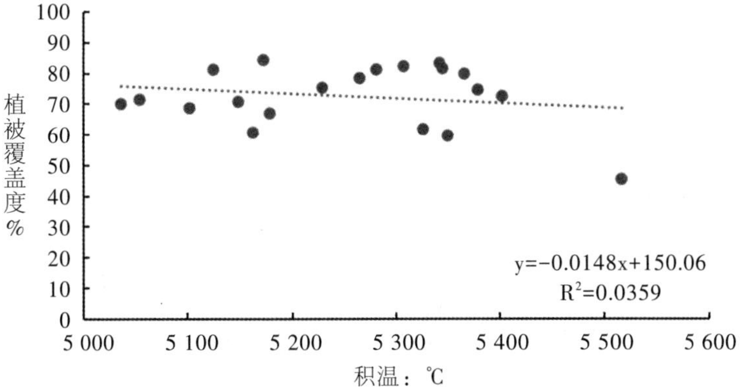

图 5-52　流域 3 植被覆盖度与年积温的关系

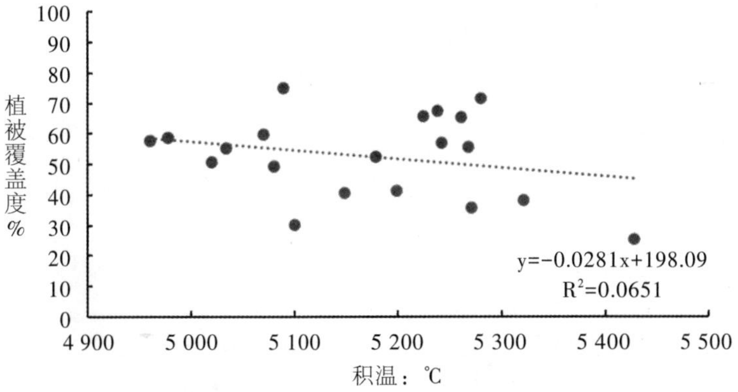

图 5-53　流域 4 植被覆盖度与年积温的关系

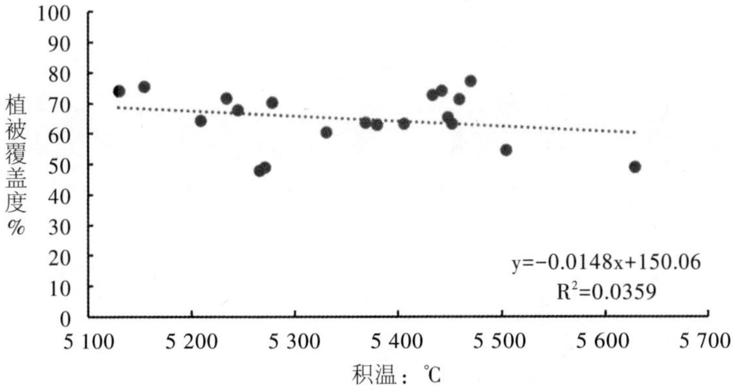

图 5-54　流域 5 植被覆盖度与年积温的关系

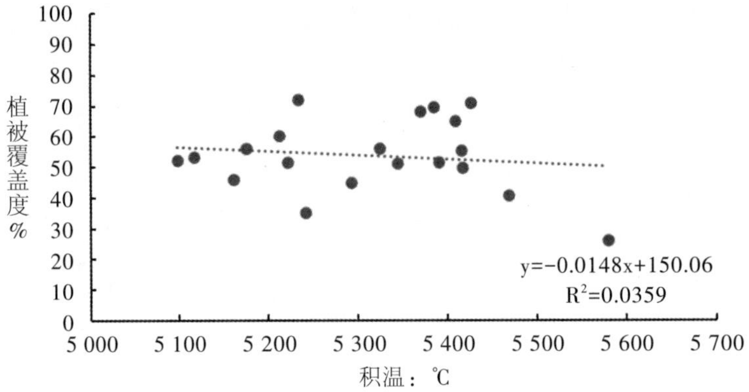

图5-55　流域6植被覆盖度与年积温的关系

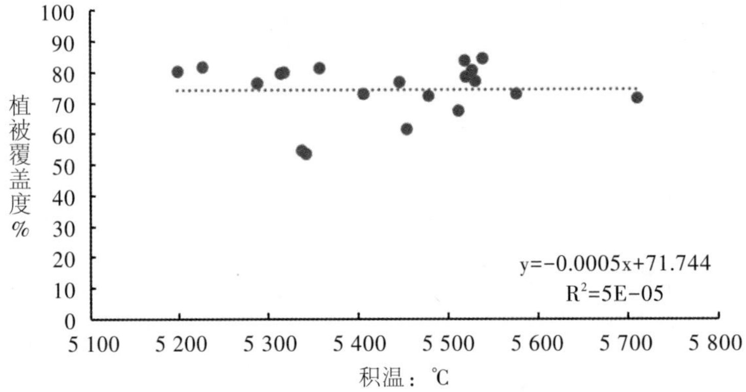

图5-56　流域7植被覆盖度与年积温的关系

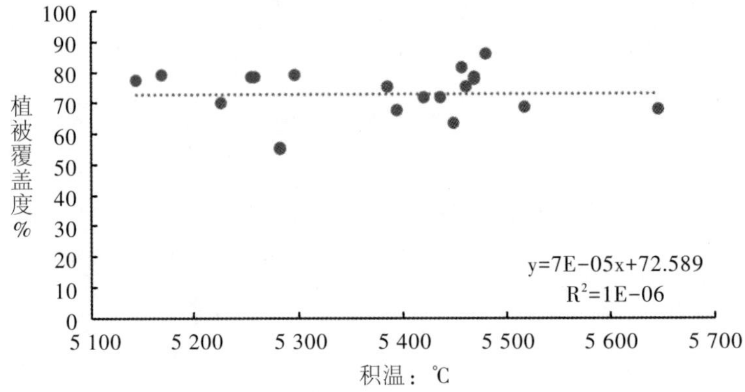

图5-57　流域8植被覆盖度与年积温的关系

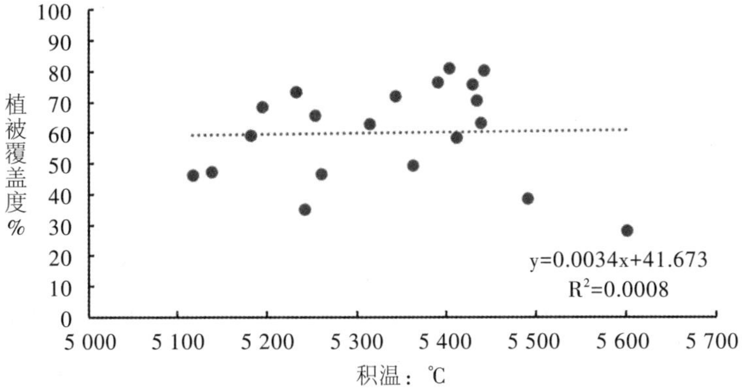

图 5-58　流域 9 植被覆盖度与年积温的关系

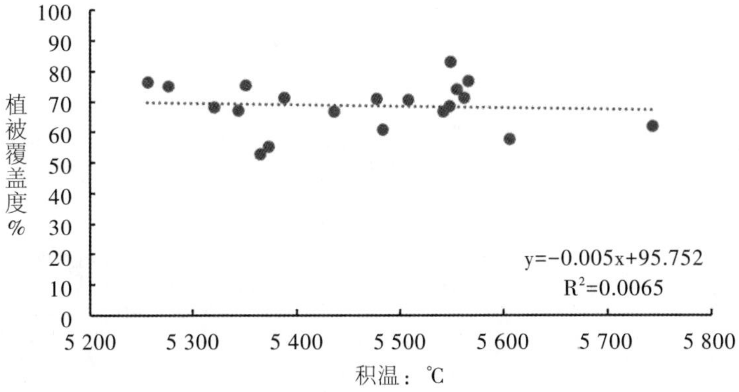

图 5-59　流域 10 植被覆盖度与年积温的关系

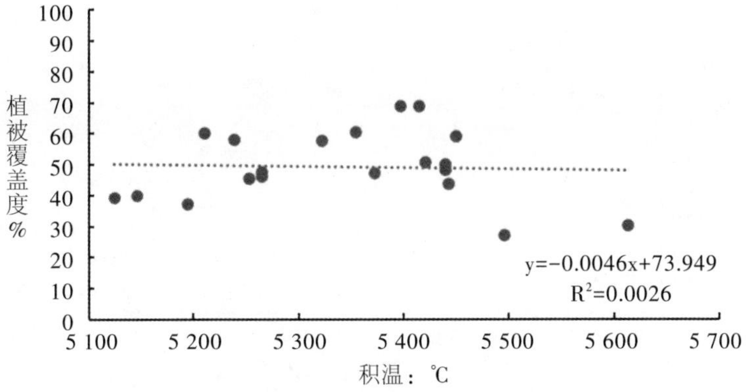

图 5-60　流域 11 植被覆盖度与年积温的关系

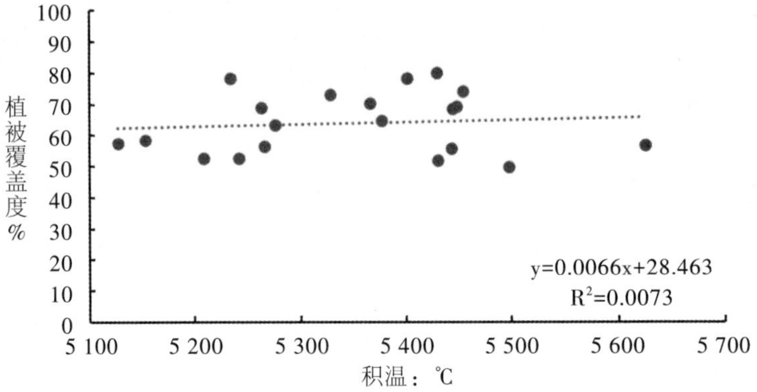

图 5-61　流域 12 植被覆盖度与年积温的关系

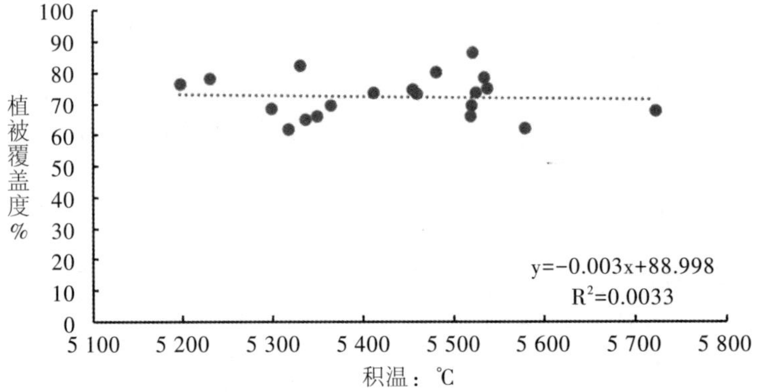

图 5-62　流域 13 植被覆盖度与年积温的关系

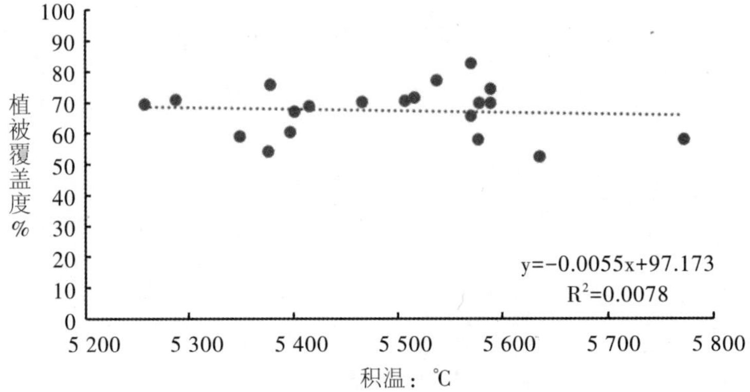

图 5-63　流域 14 植被覆盖度与年积温的关系

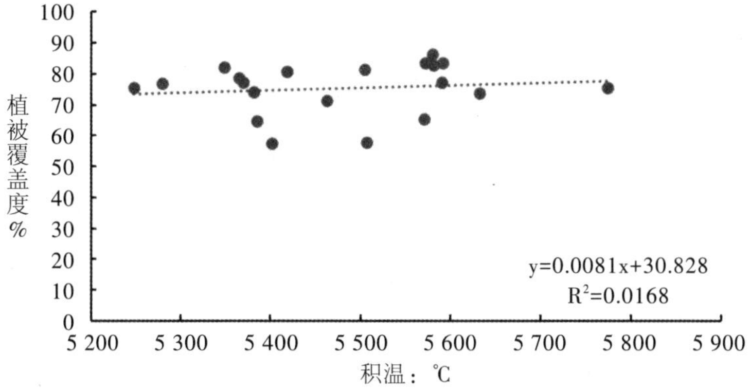

图 5-64　流域 15 植被覆盖度与年积温的关系

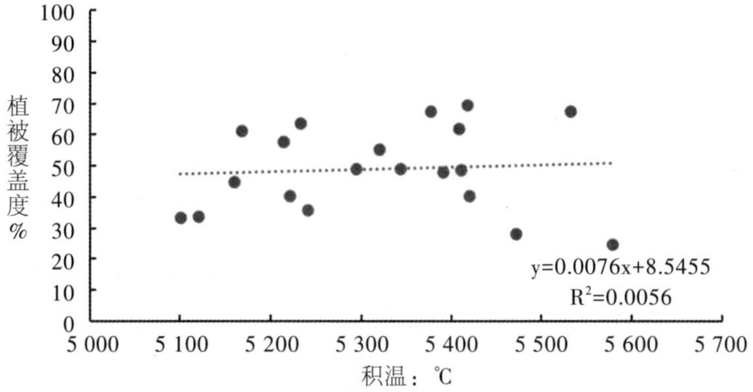

图 5-65　流域 16 植被覆盖度与年积温的关系

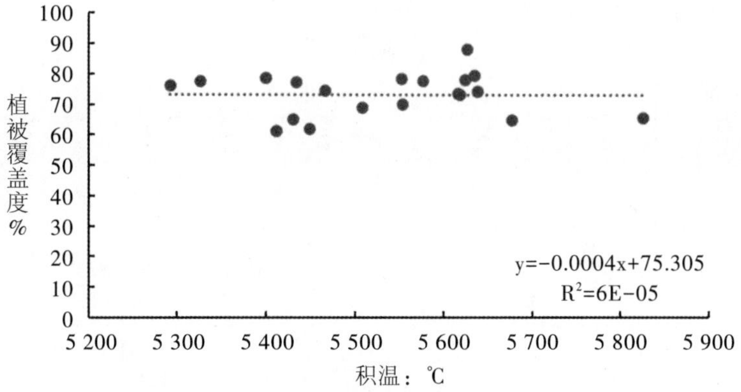

图 5-66　流域 17 植被覆盖度与年积温的关系

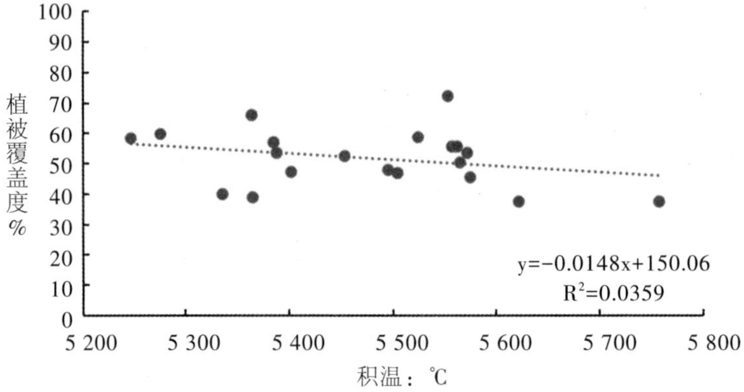

图5-67　流域18植被覆盖度与年积温的关系

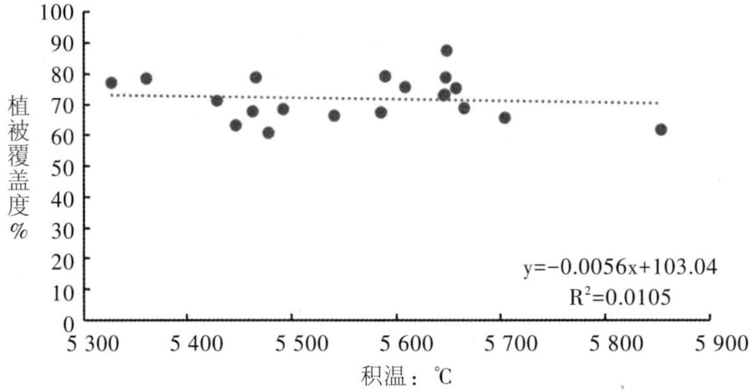

图5-68　流域19植被覆盖度与年积温的关系

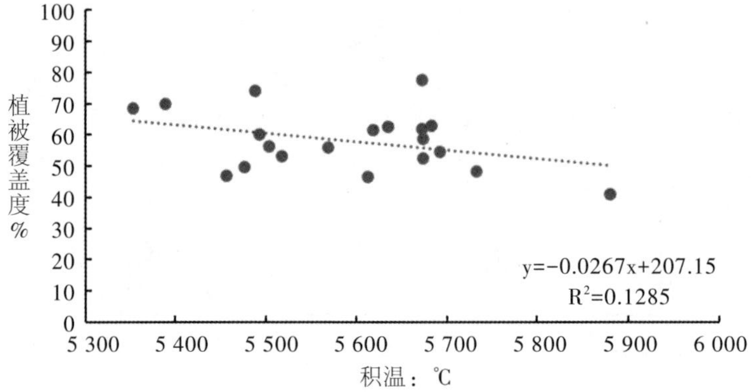

图5-69　流域20植被覆盖度与年积温的关系

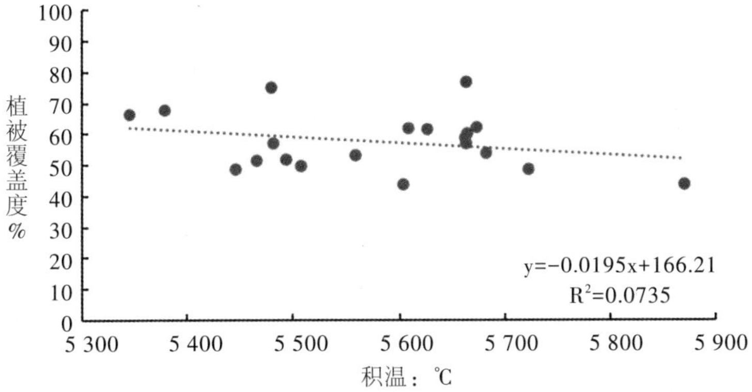

图 5-70　流域 21 植被覆盖度与年积温的关系

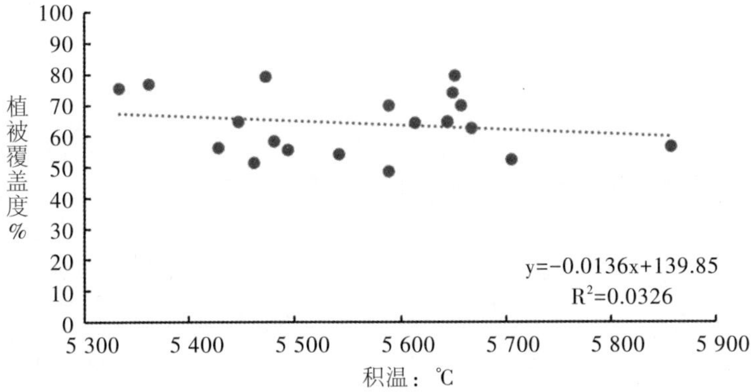

图 5-71　流域 22 植被覆盖度与年积温的关系

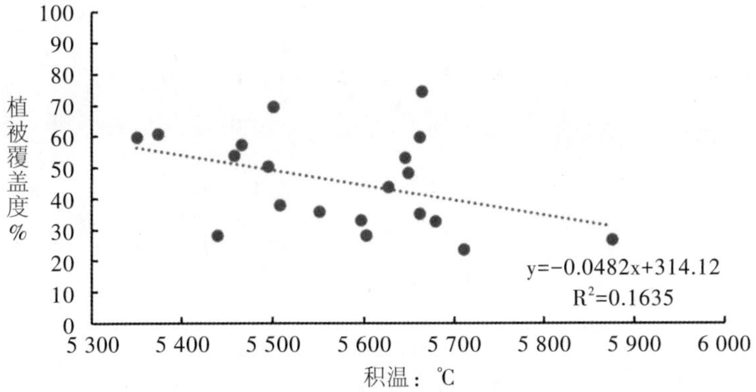

图 5-72　流域 23 植被覆盖度与年积温的关系

由图5-50至图5-72可以发现：流域1、3、4、5、6、18、19、20、21、22、23的植被覆盖度与年积温变化之间呈弱负相关关系，模型拟合度较低；流域2、10、11、13、14呈微弱负相关性，流域16呈微弱正相关性，但模型拟合度均过低；流域7、8、17基本上无相关性；流域15呈弱正相关性，模型拟合度较低。结合黄冈市DEM图与黄冈市土地利用类型图我们发现：流域1、4、5、6、11、18、19、20、21、22、23均为低山丘陵或平原地区，耕地、水体及建设用地面积占比较大，农作物植被在当地植被中占比较大；流域3植被覆盖状况良好，地形起伏及坡度较大，且大部位于大别山阳坡；流域2、7、8、9、10、13、14、15、17为地形起伏大的山区。

5.2.3 研究区域植被覆盖度对积温变化的响应特征分析

整体而言，黄冈市2001—2020年植被覆盖度与积温变化之间呈较弱的负相关性。原因应为黄冈市积温总体变化幅度不大，且该积温范围适宜植物生长。

结合黄冈市DEM图、黄冈市土地利用类型图与黄冈市2001—2020年逐年积温图发现：黄冈市2001—2020年间积温虽有波动，但整体变化幅度不大。流域1、4、5、6、18、19、20、21、22、23均为低山丘陵或平原地区，耕地、水体及建设用地面积占比较大，农作物植被在当地植被中占比较大。植被覆盖度与积温变化之间呈现出弱负相关性的原因应为：植被覆盖度越高，植被所蒸腾的水汽越充足，使当地大气厚度增加、夜间大气保温作用加强，从而使积温略微下降，故植被覆盖度与积温变化呈弱负相关性。其中，流域23耕地及水体面积最大，故此特征尤为显著；流域3的植被覆盖状况良好，但地形起伏及坡度较大，且大部分位于大别山阳坡，结合黄冈市2001—2020年降水量分布图可知当地降水量长年分布较低，当降水量增强时，地表冲刷加剧，抑制或破坏植被生长，而该流域在降水量偏多的年份，积温往往偏低，故呈现出植被覆盖度与积温变化呈弱负相关性的特征；流域16多耕地，地形起伏及海拔均较低，结合黄冈市2001—2020年降水量分布图发现该流域长年为降水量最低值区域，而该流域在降水量偏多的年份，积温相应偏高，促进了农作物的生长，故呈现出微弱的正相关性；流域15虽位于地形起伏大、海拔高的山区，但山间耕地面积较大，且该流域农作物生长环境不同于低山丘陵或平原地区，当积温升高时，热量更为充足，促进了农作物的生长，故该流域植被覆盖度与积温变化之间呈现出弱正相关性；流域2、7、8、9、10、13、14、17均位于地形起伏较大、海拔较高的山区，且植被覆盖状况长年良好，这些流域植被所蒸腾的水汽更充足，使当地大气厚度增加，削弱了太阳辐射，且大气保温作用增强，导致积温略微下降，但在不同海拔生长的植被对热量需求存在差异，故植被覆盖度与积温变化呈微弱负相关性或基本无相关性。

5.3 植被覆盖度对日照时数变化的响应分析

5.3.1 研究区域植被覆盖度对日照时数变化的响应机制

通过绘制黄冈市2001—2020年植被覆盖度与年日照时数变化的关系图（如图5-73所示）我们发现，黄冈市2001—2020年植被覆盖度与日照时数变化之间呈现出极微弱的负相关性，基本不存在明显的相关性。

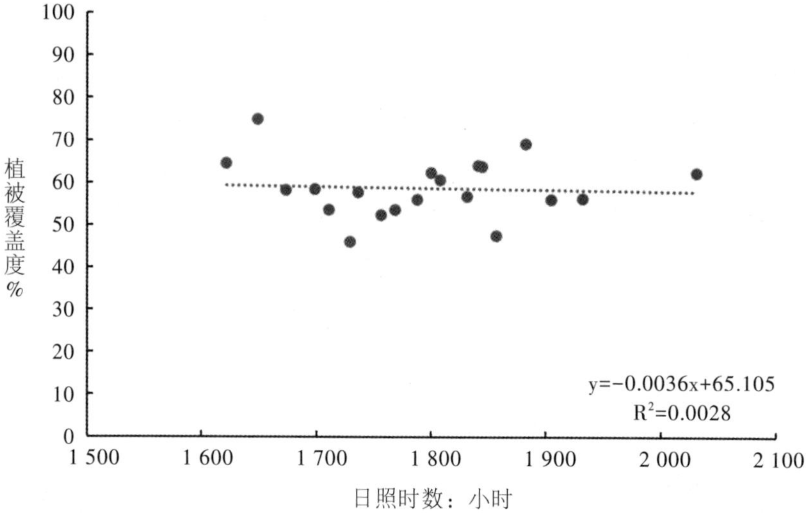

图5-73　黄冈市2001—2020年植被覆盖度与年日照时数变化关系图

我们运用SPSS软件对黄冈市2001—2020年植被覆盖度与年日照时数变化的相关性进行分析，计算得出相关系数为-0.053，二者呈极微弱的负相关性。

考虑到从研究区域整体的宏观视角对植被覆盖度与日照时数变化的响应进行分析不足以说明二者之间的关系，因此有必要从空间范围更小的各流域视角，基于自然空间尺度对植被覆盖度与日照时数变化的响应机制进行分析。

5.3.2　各流域植被覆盖度对日照时数变化的响应分析

从流域的角度入手，以更小的空间尺度，对内部要素更为一致的自然空间进行分析，能够获得植被覆盖度与降水量变化之间的关系。通过绘制黄冈市2001—2020年各流域植被覆盖度与日照时数的关系图（如图5-74至图5-96所示）我们发现：大部分流域植被覆盖度与日照时数的变化基本上无相关性。

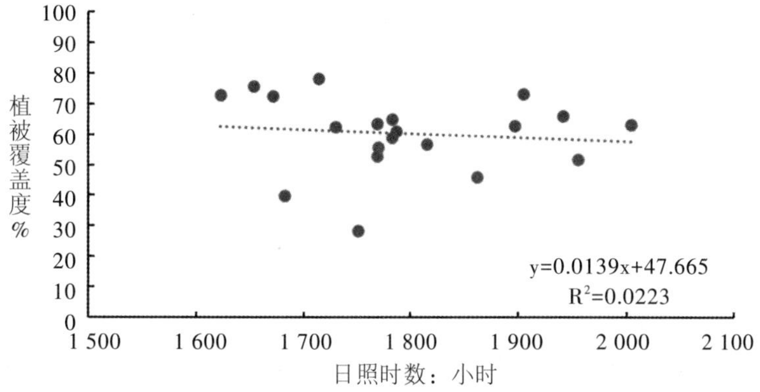

图 5-74　流域 1 植被覆盖度与日照时数的关系

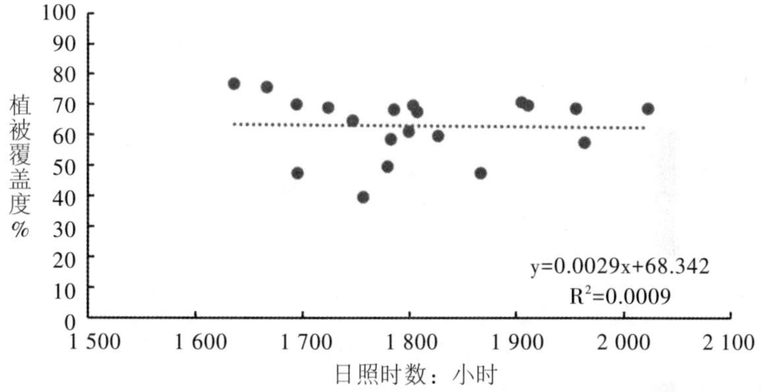

图 5-75　流域 2 植被覆盖度与日照时数的关系

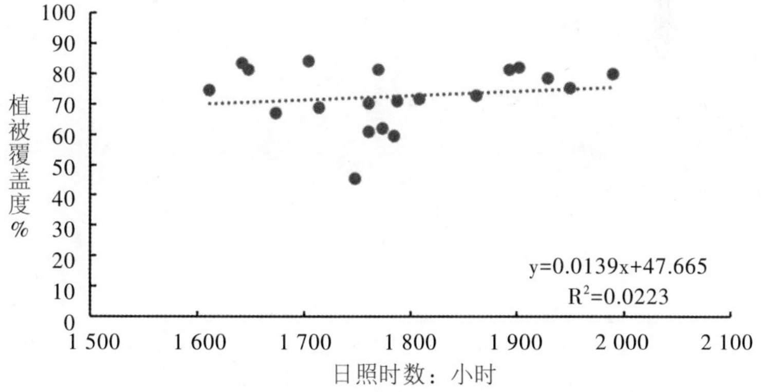

图 5-76　流域 3 植被覆盖度与日照时数的关系

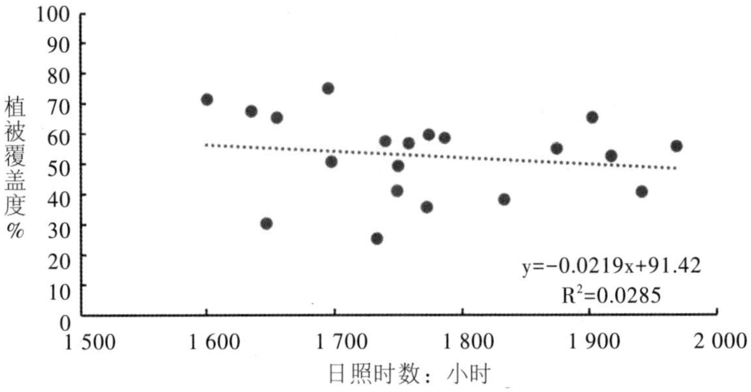

图 5-77　流域 4 植被覆盖度与日照时数的关系

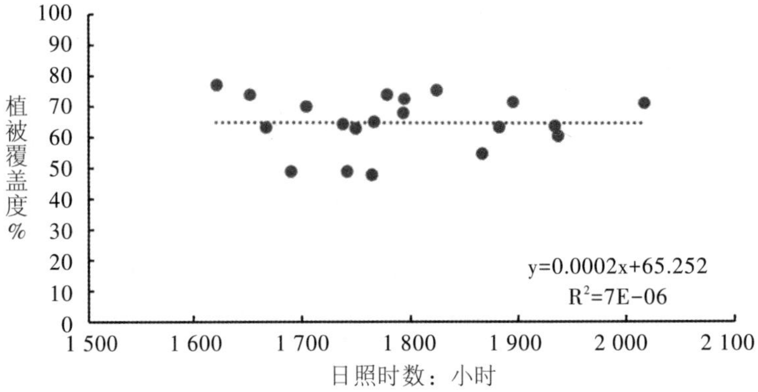

图 5-78　流域 5 植被覆盖度与日照时数的关系

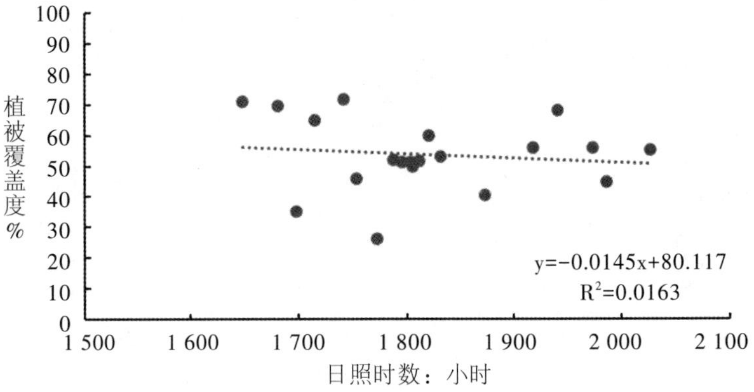

图 5-79　流域 6 植被覆盖度与日照时数的关系

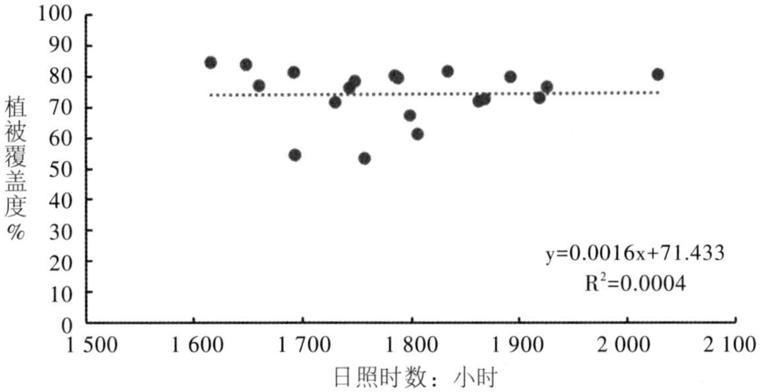

图5-80　流域7植被覆盖度与日照时数的关系

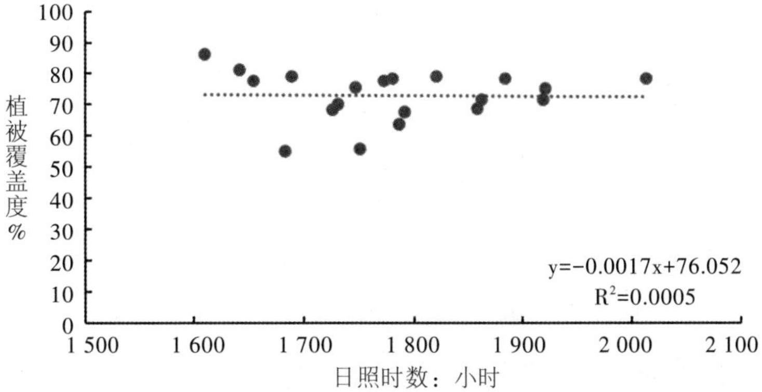

图5-81　流域8植被覆盖度与日照时数的关系

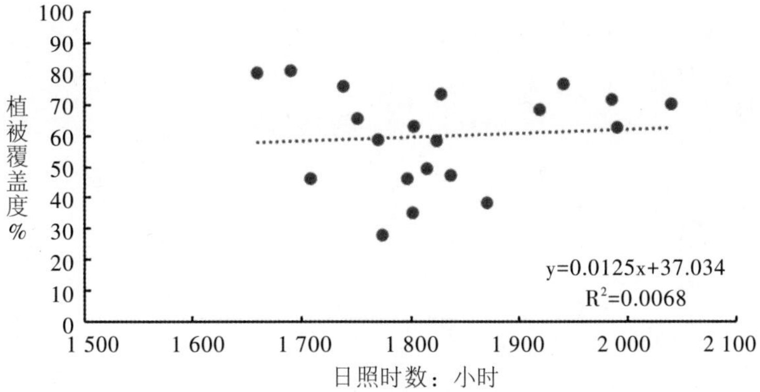

图5-82　流域9植被覆盖度与日照时数的关系

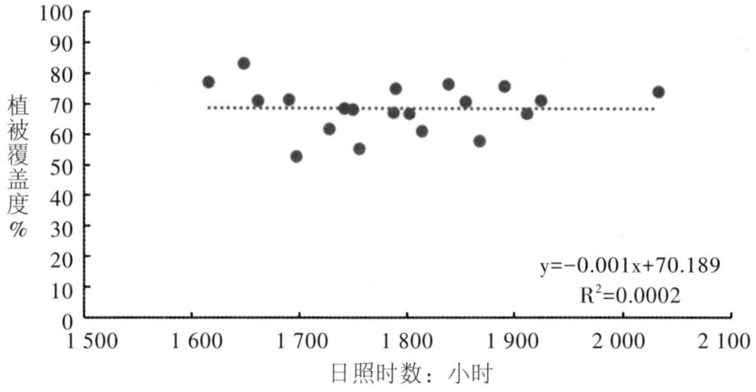

图 5-83　流域 10 植被覆盖度与日照时数的关系

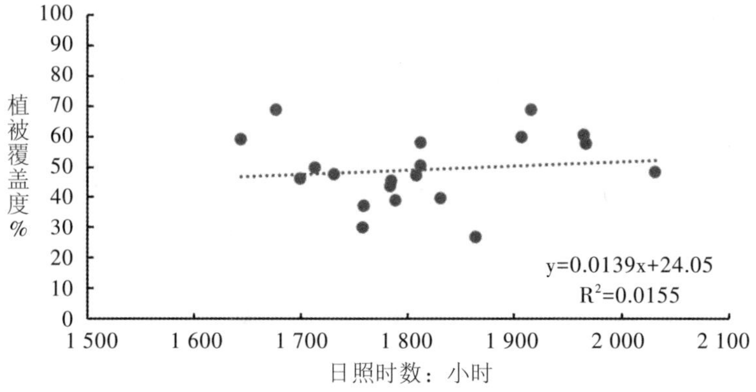

图 5-84　流域 11 植被覆盖度与日照时数的关系

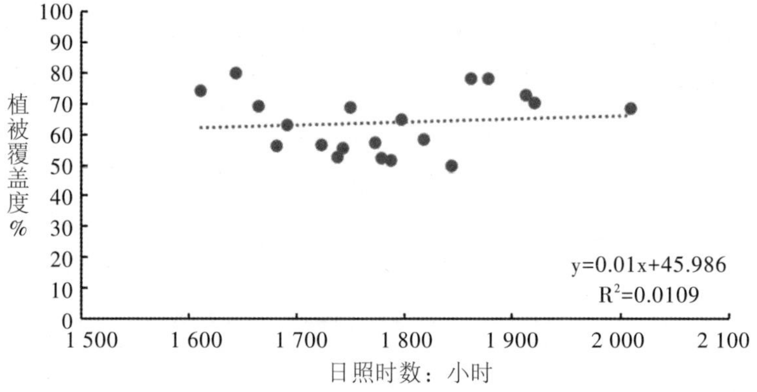

图 5-85　流域 12 植被覆盖度与日照时数的关系

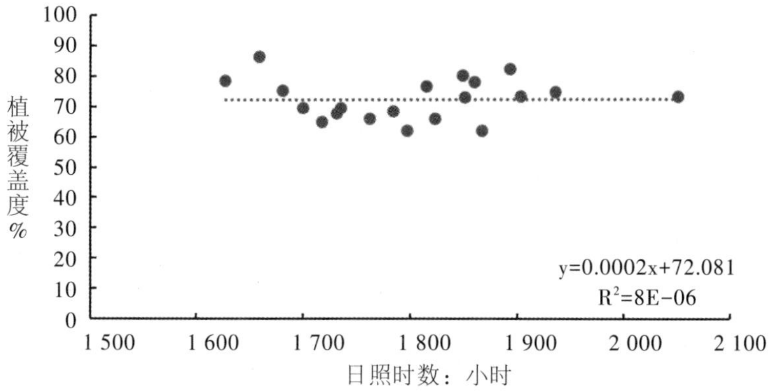

图 5-86　流域 13 植被覆盖度与日照时数的关系

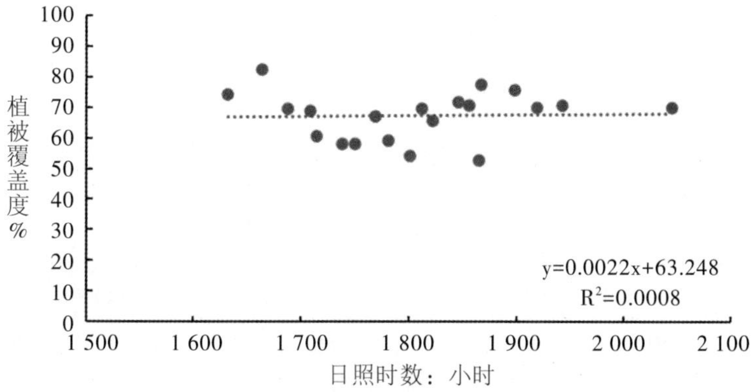

图 5-87　流域 14 植被覆盖度与日照时数的关系

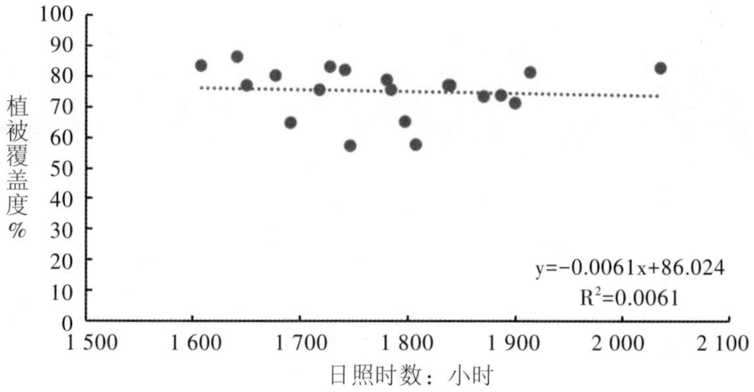

图 5-88　流域 15 植被覆盖度与日照时数的关系

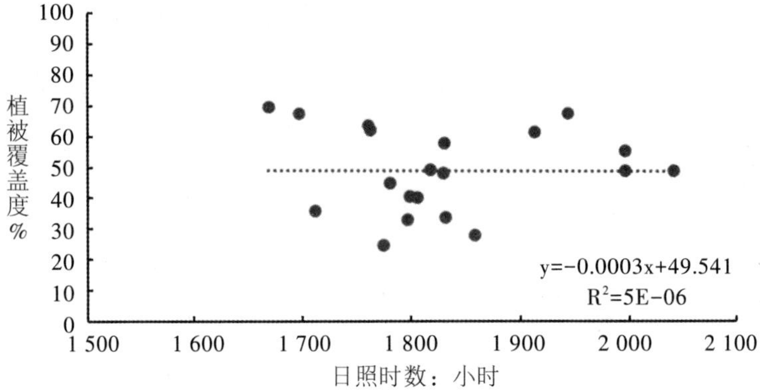

图 5-89　流域 16 植被覆盖度与日照时数的关系

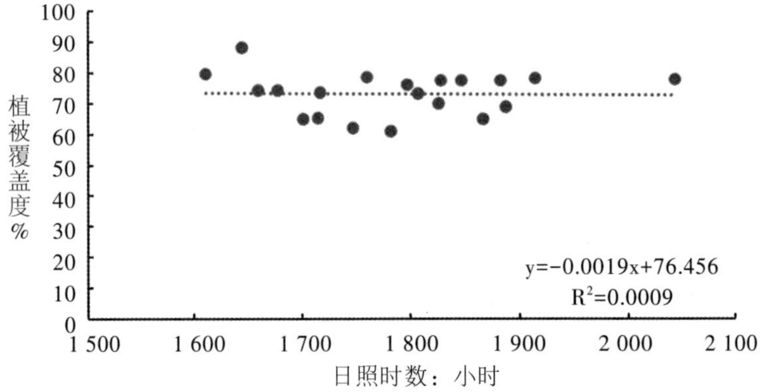

图 5-90　流域 17 植被覆盖度与日照时数的关系

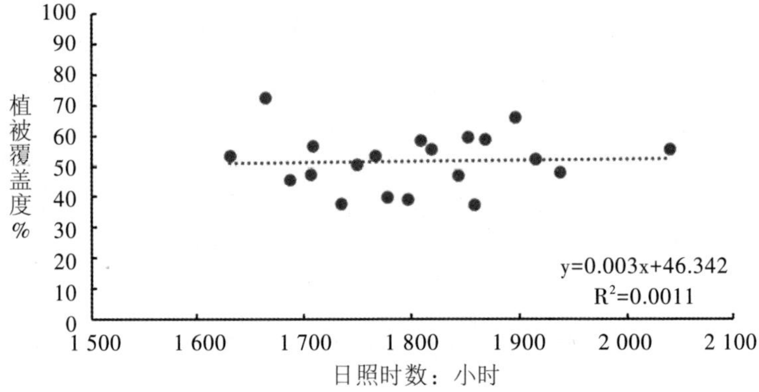

图 5-91　流域 18 植被覆盖度与日照时数的关系

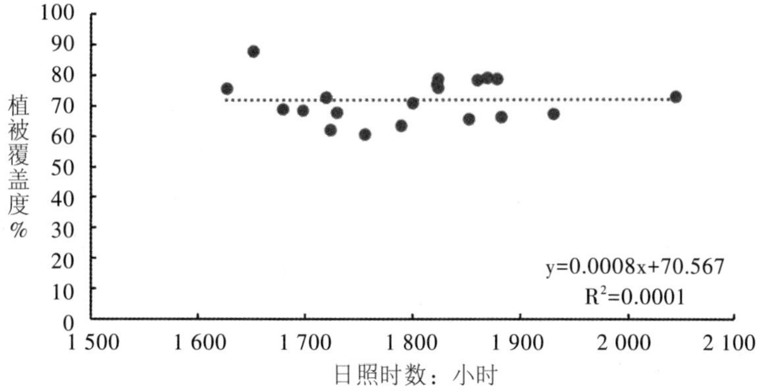

图 5-92　流域 19 植被覆盖度与日照时数的关系

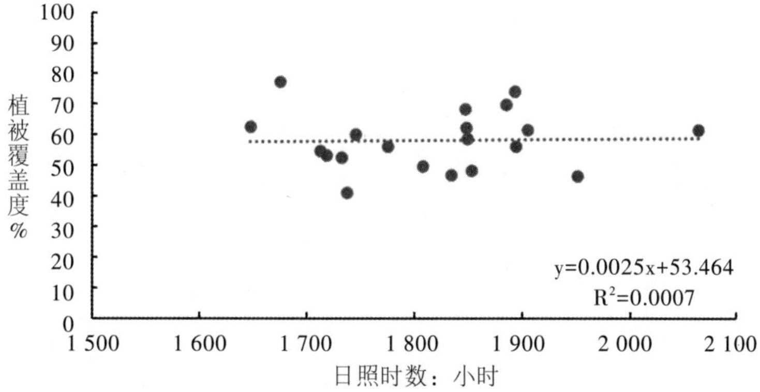

图 5-93　流域 20 植被覆盖度与日照时数的关系

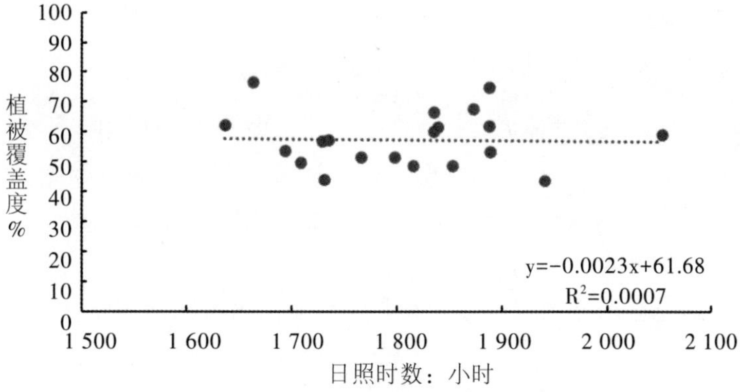

图 5-94　流域 21 植被覆盖度与日照时数的关系

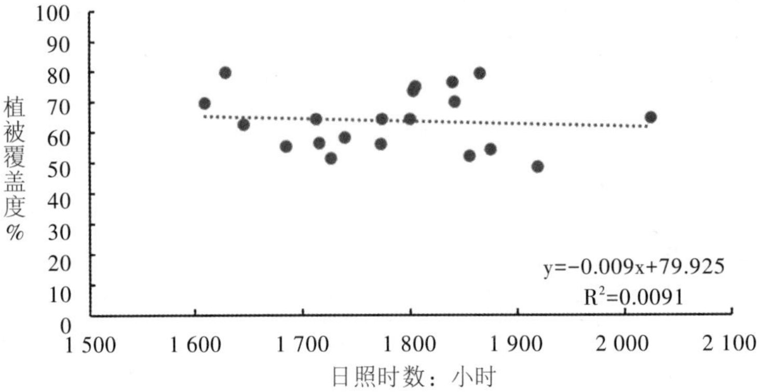

图5-95　流域22植被覆盖度与日照时数的关系

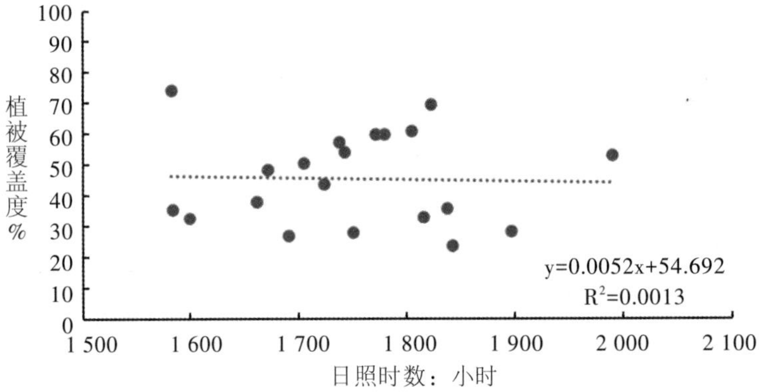

图5-96　流域23植被覆盖度与日照时数的关系

由图5-74至图5-96可以发现：流域1、4、6植被覆盖度与日照时数变化之间呈弱负相关性；流域3、12植被覆盖度与日照时数变化之间呈弱正相关性；流域2、5、7、8、9、10、11、13、14、15、16、17、18、19、20、21、22、23植被覆盖度与日照时数之间则未呈现出明显的相关性或基本无相关性。

5.3.3　研究区域植被覆盖度对日照时数变化的响应特征分析

整体而言，黄冈市2001—2020年植被覆盖度与日照时数变化之间无明显相关性，大致呈极微弱的负相关关系。

结合黄冈市2001—2020年植被覆盖度与日照时数变化关系图，运用SPSS软件计算得出黄冈市植被覆盖度与日照时数变化的偏相关系数，再结合黄冈市DEM图、黄冈市土地利用类型图，我们发现，流域1、4、6位于低山丘陵向平原地区过渡的地带，且耕地及水体面积占比较大，农作物植被在植被中占比较大，植被覆盖度与日照时数变化呈弱负相关性的原因应为该流域地表植被增多时，蒸腾作用更加明显，从而使该流域大气对太阳辐射的削弱作用更为明显；流域3为地形起伏大、坡度大的山区，且大部分属于大别山阳坡，结合此前分析的降水量增加对该区域内植被生长起抑制或破坏作用，在日照时数更长的年份，该流域降水强度相对更“温和”，且日照时数更长对高海拔山区植被生长有促进作用，故二者呈现出弱正相关性；流域12虽位于地形起伏较大的山区，但水体、耕地及建设用地面积占比较大，植被覆盖度与日照时数变化之间呈现出弱正相关性的原因应与农作物植被生长的特性相关；流域2、5、7、8、9、10、13、14、15、16、17、18、19、20、21、22、23分布于地势起伏大的山区或人类活动频繁、耕地及建设用地占比大的低山丘陵及平原地区，这些流域的植被生长主要与降水量变化有较强的相关性，且黄冈市2001—2020年日照时数变化整体上呈下降趋势，积温变化整体上呈上升趋势，而日照时数与积温间并无明显的相关性。

5.4 本章小结

通过对黄冈市各流域植被覆盖状况与各气候因子变化之间的相关分析我们发现，各流域间差异较大，不同气候因子对植被覆盖状况的影响程度明显不同。本章主要内容如下：

（1）各流域间植被覆盖度与降水量变化虽呈正相关关系，但不同流域间的差异较大，应与降水强度、地形起伏程度有关。为验证在地形起伏程度不同的流域其植被覆盖状况与降水量的关系存在差异性的推断，构建降水-植被系数与地形起伏指数，发现与推断结果相符。

（2）大部分流域植被覆盖度与积温变化都呈现出弱负相关关系，这应与耕地面积占比有关，二者的关系没有明显的规律可循。

（3）各流域植被覆盖度与日照时数变化之间基本上无明显的相关性。

6

植被覆盖度对气候变化响应的空间分异及程度

基于前一章对研究区域整体及内部各流域间植被覆盖度与降水量、积温及日照时数三个主要气候因子变化相关性的分析，基本明晰了各主要气候因子对植被覆盖度影响的程度和机制。本章将就研究区域内各流域间植被覆盖度对气候变化响应特征的空间分异规律进行分析，并结合上一章的分析结果，阐明各气候因子对研究区域植被覆盖度的影响程度。

6.1　植被覆盖度对气候变化响应的空间分异分析

根据前文的分析可知，降水量、积温、日照时数对黄冈市植被覆盖度变化均产生了一定影响。总体而言，2001—2020年黄冈市植被覆盖度受降水量的影响最大，受积温与日照时数的影响相对较弱；在北部及东部地形起伏较大的山区，降水量增加对植被覆盖度的抑制作用尤为明显，在中部、南部及沿江的低山丘陵和平原地区，降水量的增加对植被覆盖度的促进作用则更为明显。

从黄冈市各流域的角度来看，地理特征不同的流域内植被覆盖度与气候因子变化的相关性存在一定的空间差异，具体为：流域2、3、5、7、8、10、12、13、14、15、17的植被覆盖度与降水量变化之间呈现出微弱的正相关性或未呈现出明显的相关性，而降水-植被系数与降水量变化呈现出明显的负相关性。这些流域均处于黄冈市北部、东部地形起伏较大的山区。通常而言，降水量的增多会促进植被的生长，但在地形起伏大、海拔高的山区，由于地势陡峭，降水量增多时，地表水土流失会随之加剧，不利于植被生长，故降水量的增多对植被生长有抑制作用。同时，这些流域植被覆盖度受积温与日照时数变化的影响更小，大部分流域间呈现出微弱的负相关性或无明显相关性。

流域11、16、18、22、23的植被覆盖度与降水量变化之间呈现出较为明显的正相关关系，且降水-植被系数与降水量变化之间呈现弱负相关性。这些流域均处于低山丘陵或平原地区，耕地及建设用地占比较大，降水量的增加对地表植被尤其是农作物植被的生长有促进作用，且该流域地形起伏小，强降水对地表的破坏程度较低，故呈现出明显的正相关性。同时，这些流域的植被覆盖度与积温、日照时数变化之间的相关关系较位于山地的流域更为明显，大部分流域的植被覆盖度与积温呈弱负相关性。其中，流域23植被覆盖度与积温呈较为明显的负相关性，结合前文分析，应与当地耕地及水体面积占比较大有关。

流域1、4、6、9、20、21的植被覆盖度与降水量变化呈现出微弱的正相关性或未呈现出明显的相关性，降水-植被系数适中，其与降水量变化之间呈现出较弱的相关性。这些流域处于低山丘陵向平原地区的过渡地带，耕地及水体面积占比大，植被种类较为多样，故呈现出微弱的正相关性。同时，这些流域的植被覆盖度与积温、日照时数的相关性较位于平原的流域略弱，大部分与积温呈微弱的负相关性。

可见，降水量对不同流域植被覆盖度的影响程度差异较大，对山区的植被生长起明显的抑制作用，对平原地区的植被生长起明显的促进作用；积温与平原及低山丘陵地区的植被生长呈微弱的负相关性，而与山地的植被覆盖度之间多无明显的相关性；日照时数无明显的规律可循，可见日照时数对黄冈市植被覆盖度的影响较降水量及积温更弱。为此，需进一步探讨降水量、积温、日照时数三个气象因子对黄冈市植被覆盖度影响程度的占比。

6.2 主要气候因子对植被覆盖度变化的影响程度分析

前文运用SPSS软件对累年（2001—2020年）各主要气候因子的年均数值进行了偏相关关系分析，结果表明，呈较明显的正相关关系的是植被覆盖度与降水量变化，呈弱负相关关系的是植被覆盖度与积温变化，而植被覆盖度与日照时数变化之间无明显的相关关系。为进一步研究区域植被覆盖度与气候因子变化响应之间的具体关系，现对黄冈市23个流域进行深入分析。

笔者对黄冈市2001—2020年各流域植被覆盖度与降水量、积温、日照时数变化的关系进行曲线拟合，绘制变化关系图。为进一步分析各气候因子对植被覆盖度的影响程度，根据曲线拟合度制作黄冈市2001—2020年各流域植被覆盖度与主要气候因子R^2关系表（见表6-1），对各气候因子的影响程度进行对比分析。

表6-1 黄冈市2001—2020年各流域植被覆盖度与主要气候因子R^2关系汇总

流 域	降水量	降水-植被系数	积 温	日照时数
流域1	0.0802	0.258	0.0132	0.0133
流域2	0.0649	0.4012	0.0037	0.0009
流域3	0.0092	0.5638	0.0359	0.023
流域4	0.0367	0.2209	0.0651	0.0285
流域5	0.0045	0.5156	0.0574	7.00E-06
流域6	0.0089	0.2752	0.0178	0.0163
流域7	0.0011	0.5881	5.00E-05	0.0004
流域8	0.001	0.6511	1.00E-06	0.0005

续表

流 域	降水量	降水-植被系数	积 温	日照时数
流域9	0.041	0.2152	0.0008	0.0068
流域10	0.0505	0.5385	0.0065	0.0002
流域11	0.1464	0.1587	0.0026	0.0155
流域12	0.0443	0.43	0.0073	0.0109
流域13	0.0259	0.6698	0.0033	8.00E-06
流域14	0.0567	0.5415	0.0078	0.0008
流域15	0.0229	0.5803	0.0168	0.0061
流域16	0.1168	0.1212	0.0056	5.00E-06
流域17	0.0823	0.6271	6.00E-05	0.0009
流域18	0.1091	0.293	0.0752	0.0011
流域19	0.1149	0.6151	0.0105	0.0001
流域20	0.0745	0.362	0.1285	0.0007
流域21	0.0963	0.3507	0.0735	0.0007
流域22	0.1038	0.3216	0.0326	0.0091
流域23	0.1893	0.0029	0.1635	0.0013

根据表6-1所列出的数据，绘制黄冈市2001—2020年各流域主要气候因子对植被覆盖度的影响程度图（如图6-1所示）。考虑到降水-植被系数与植被覆盖度变化之间的关系更为突出，故去除降水R^2值，而代之以降水-植被系数的R^2值，同时去除R^2值低于0.01的流域，以便更加直观地对比各气候因子之间的影响程度。

在黄冈市23个流域中，降水-植被系数$R^2>0.01$的流域有22个。其中，流域4、6、8、9、11、14、15、16、18、20共10个流域$R^2>0.5$，表现出较为显著的相关性；流域2、3、7、10、12、13、

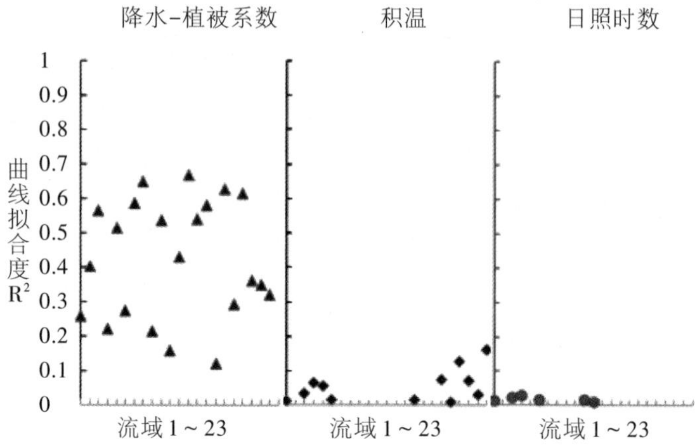

图6-1　黄冈市2001—2020年各流域主要气候因子对植被覆盖度影响程度

17、19、21、22共10个流域0.1＜R^2＜0.5，表现出相对强的相关性；流域23相关性最低，R^2仅为0.0029，无明显相关性。积温R^2＞0.01的流域有12个，但均不高于0.2，其中流域23的R^2数值为0.1635，负相关性最为明显。日照时数R^2＞0.01的流域仅有6个，且均不高于0.03，均偏低，不具明显相关性。

通过对以上R^2数值进行汇总发现，在黄冈市各流域之间，降水量变化对植被覆盖度的影响程度最高，具体表现为在地势起伏大、海拔高的山区，降水量的增加对植被生长起破坏或抑制作用；在地势起伏较低、耕地面积较大的低山丘陵或平原地区，降水量的增加对植被生长起促进作用。积温变化对植被覆盖度的影响程度次之，具体表现为在耕地面积占比大、海拔较低的低山丘陵或平原地区，植被覆盖度与积温变化之间呈现出弱负相关性；在海拔高、植被覆盖基础良好的山区，植被覆盖度与积温变化之间呈现出微弱的负相关性或无明显相关性。日照时数变化对植被覆盖度的影响程度最弱，仅在低山丘陵向平原过渡的地区呈微弱的负相关性，在大部位于阳坡的流域呈微弱的正相关性，但整体上未呈现出明显的相关性或基本无相关性。

综上所述，结合表6-1与图6-1可见，研究区域植被覆盖度对主要气候因子变化的响应顺序为：降水量＞积温＞日照时数。

6.3 本章小结

结合上一章的分析，初步得出以下结论：植被覆盖状况受不同气候因子变化影响的程度不同。为进一步揭示其影响程度及差异，本章进行了有针对性的分析，主要内容如下：

（1）黄冈市不同流域植被覆盖的响应状况在空间上具有明显的差异，原因是不同流域间受降水量、积温与日照时数变化的影响程度不同。地形起伏不同的地区，其植被覆盖状况受气候变化因子影响的程度不同，植被覆盖度与降水量之间的关系最为明显。

（2）不同流域间地理环境特征不同，且植被覆盖基础不同，各主要气候因子特征也不同，经综合分析发现影响程度顺序为：降水量＞积温＞日照时数。

7

人类活动对植被覆盖的影响

根据之前相关章节对研究区域整体及内部各流域单元植被覆盖度与降水、积温和日照时数等主要气候因子变化特征的相关性分析，发现降水和积温对植被覆盖度提升的贡献较为显著，日照时数与植被覆盖度之间基本上没有表现出明显的相关性。为全面厘清影响区域植被覆盖度变化的因素，本章拟通过构建残差分析模型，进一步就人类活动对鄂东大别山地区植被覆盖的影响展开分析。

7.1 主要气候因子与NDVI的回归关系模型构建

通过对第6章的分析可知，在研究区域的23个流域中，仅有6个流域的日照时数对植被盖度存在比较微弱的影响，因此，整体上日照时数对植被覆盖度的影响可以被忽略。为定量估算人类活动对植被覆盖度的影响，可以假定影响植被覆盖度变化的主要因子为降水、积温与人类活动因素。结合之前已经计算出的NDVI（植被覆盖度变化的度量指标）值、降水量和积温数据，即可根据残差分析理论，构建NDVI值与已知主要影响因子（降水量和积温）之间的回归分析模型，最后再减去已知主要影响因子的数值，则可得到未知影响因子（人类活动）的残差值。其具体计算公式如下：

$$NDVI_{sim} = \alpha * T + \beta * P + c \tag{7-1}$$

$$NDVI_{res} = NDVI_{obs} - NDVI_{sim} \tag{7-2}$$

在式7-1和式7-2中，α、β和c为多元线性回归模型中的拟合参数；T、P分别为年平均气温和年总降水量；$NDVI_{sim}$和$NDVI_{obs}$分别为NDVI预测值和NDVI观测值；$NDVI_{res}$为残差；当$NDVI_{res}>0$时，表示人类活动对NDVI变化产生积极的正面影响；当$NDVI_{res}<0$时，表示人类活动对NDVI变化产生负面影响。

为有效实现对以上残差模型算法的代码开发，本章采用MATLAB软件进行模块化应用，建立回归关系模型，部分模型代码参见附录3。

7.2 实际值与模型预测值残差

运用MATLAB软件，将前文计算出的海量NDVI数据、积温数据及降水量数据引入代码中，对数据进行逐栅格的计算，可以绘制出2001—2020年近20年的残差分布图以及2001—2020年的残差变化趋势图，结果如图7-1至图7-20所示。

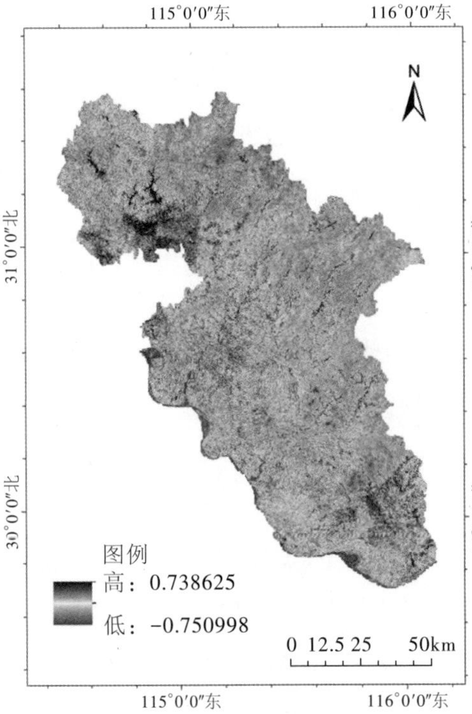

图7-1 2001年残差分布

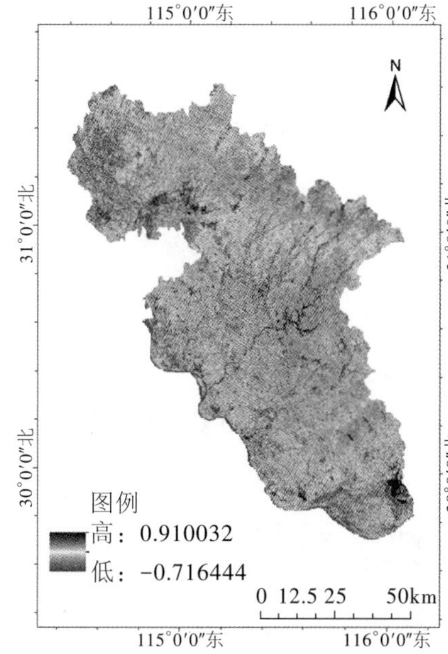

图 7-2　2002 年残差分布

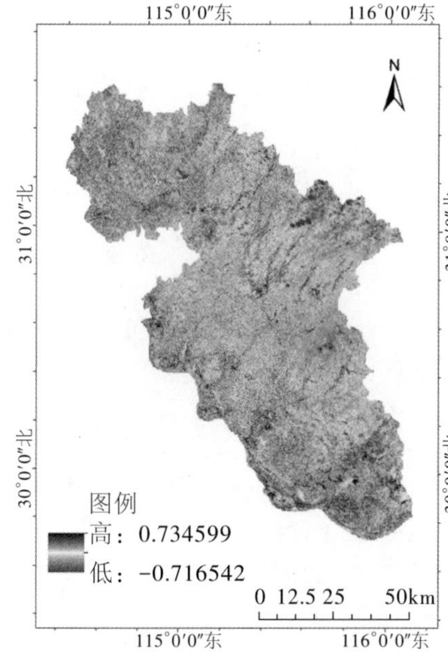

图 7-3　2003 年残差分布

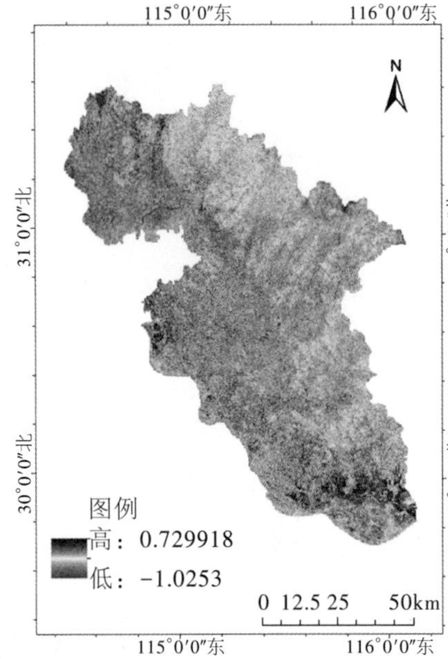

图 7-4 2004 年残差分布

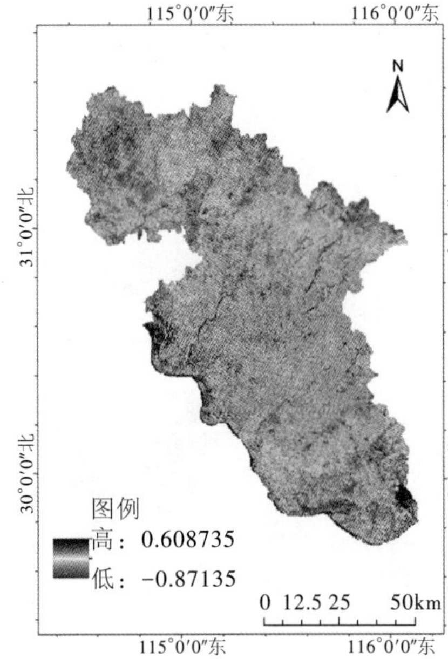

图 7-5 2005 年残差分布

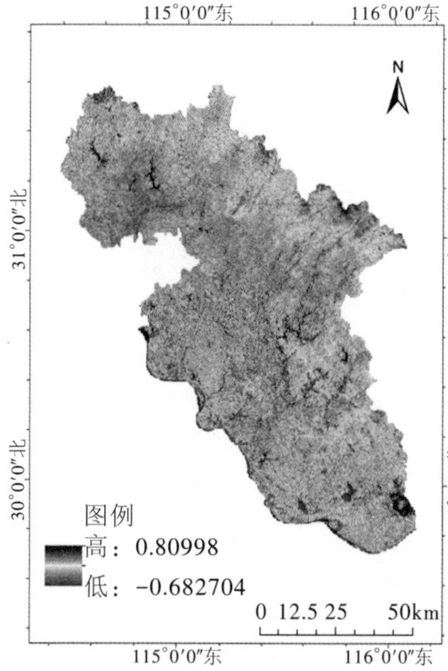

图 7-6　2006 年残差分布

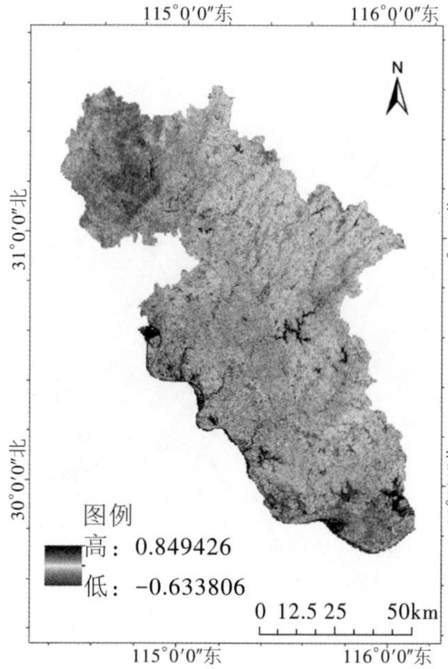

图 7-7　2007 年残差分布

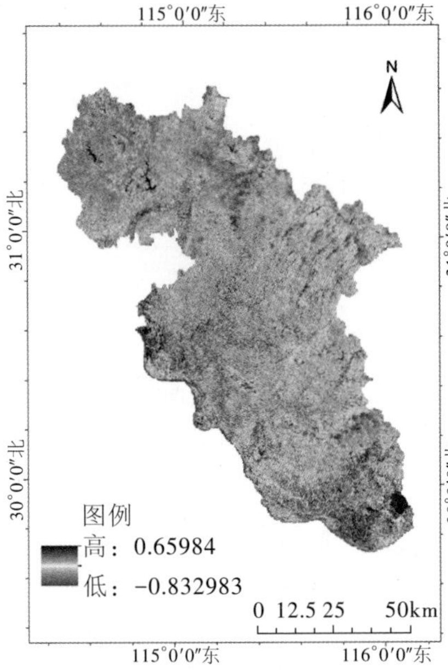

图 7-8　2008 年残差分布

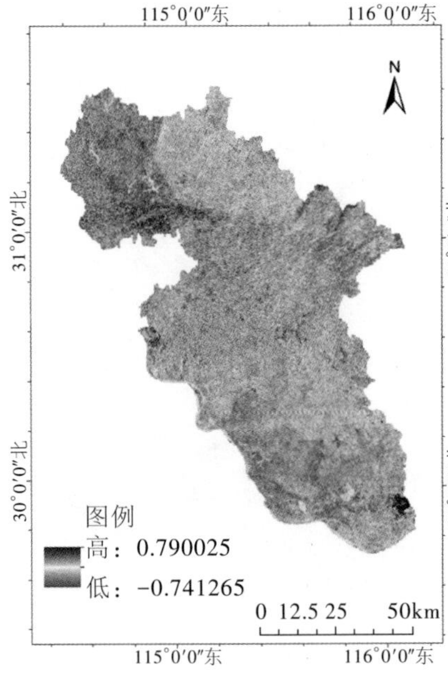

图 7-9　2009 年残差分布

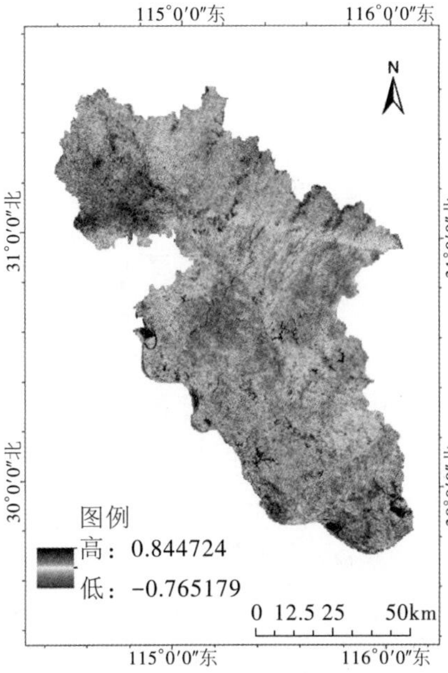

图7-10　2010年残差分布

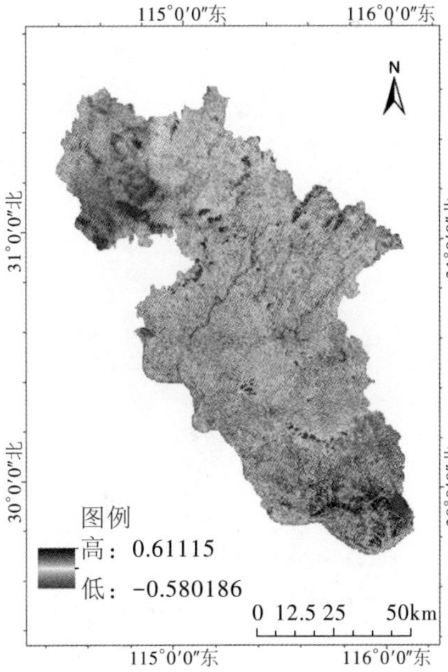

图7-11　2011年残差分布

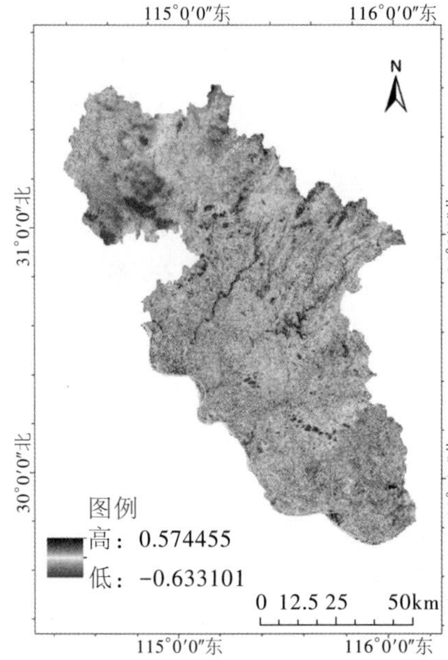

图7-12　2012年残差分布

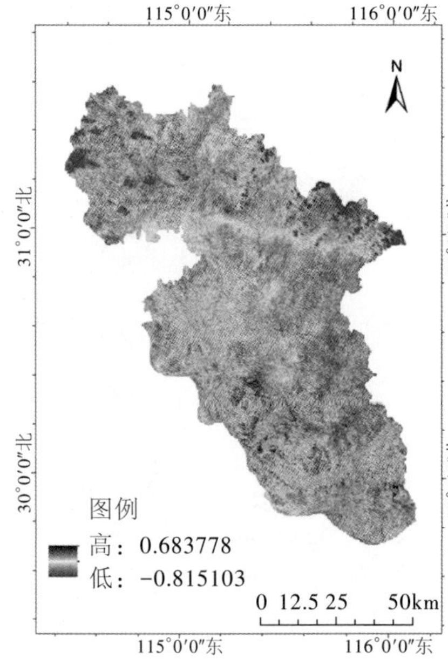

图7-13　2013年残差分布

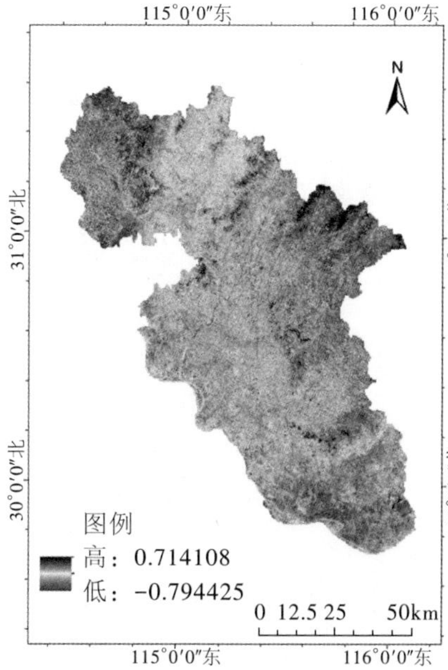

图7-14　2014年残差分布

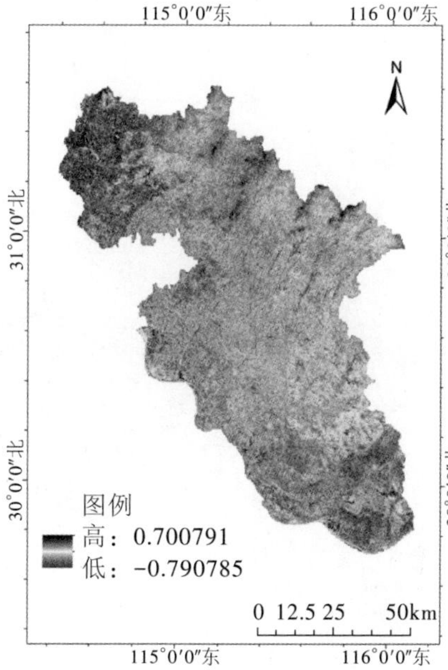

图7-15　2015年残差分布

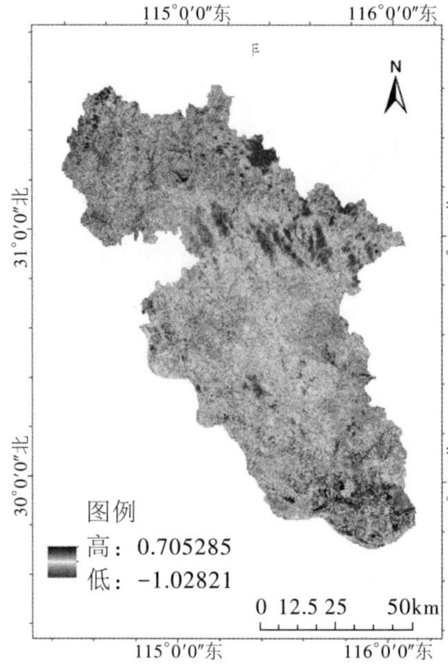

图7-16　2016年残差分布

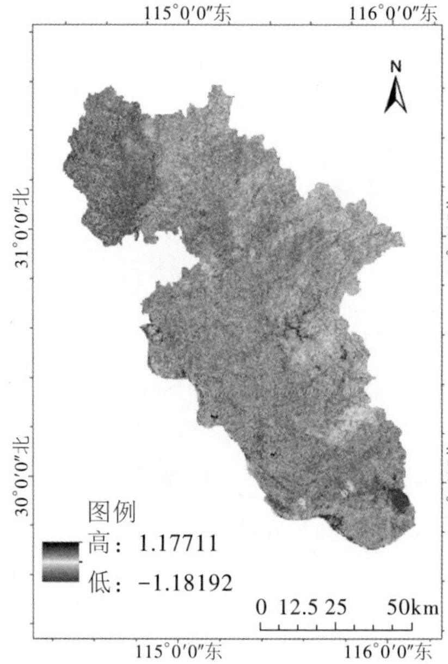

图7-17　2017年残差分布

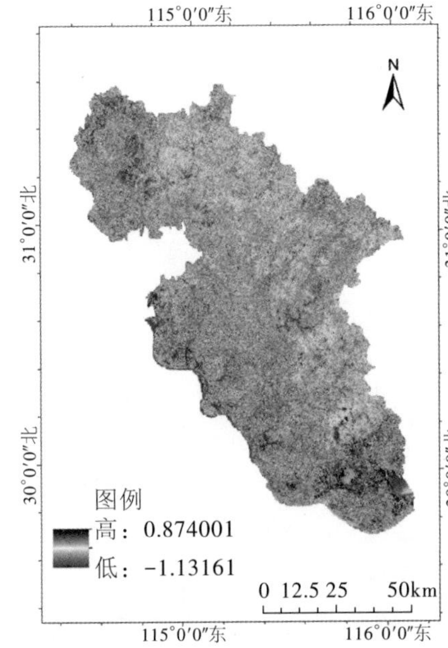

图7-18　2018年残差分布

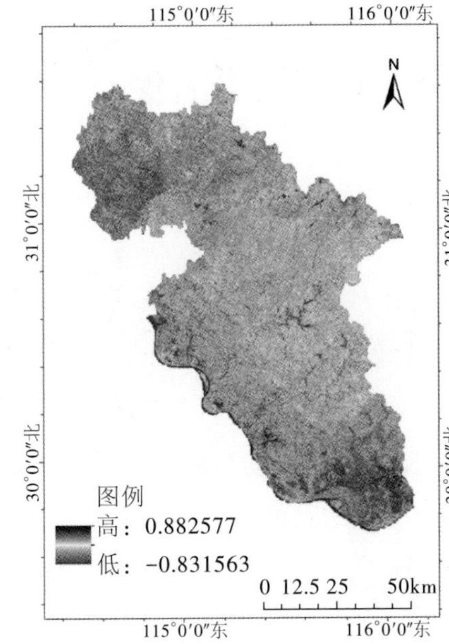

图7-19　2019年残差分布

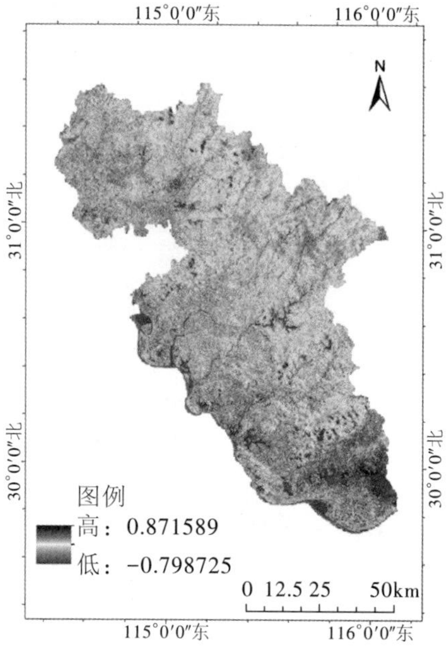

图 7-20　2020 年残差分布

7.3　人类活动对植被覆盖的总体影响

7.3.1　计算结果

通过对鄂东大别山地区 2001—2020 年的 NDVI 残差变化分析发现，人类活动对本地区的植被覆盖有显著的影响。其中，残差为正值的面积占总区域面积的 63.23%，表明人类活动对该地区的植被生长有着正向的促进作用；而残差为负值的面积占总区域面积的 36.77%，表明人类活动对该地区的植被覆盖有着负向影响（见表 7-1）。这一发现表明，人类活动因素对该地区的植被生长具有积极作用，并且是促进该地区植被覆盖度提升的主要驱动力之一。

表7-1 **计算结果**

	像元个数	占比%	影响
$NDVI_{res}<0$	7 069 385	36.77	破坏
$NDVI_{res}>0$	12 154 911	63.23	正向

在过去近20年中，残差为正值的区域是人类活动对植被覆盖起到正向作用的地区，这些区域的面积占地区总面积的63.23%，主要分布在北部的红安县、麻城市大部、东部的罗田县和英山县以及黄梅县北部；而残差为负值的区域主要集中在东部沿江城市密集区域（如图7-21所示）。

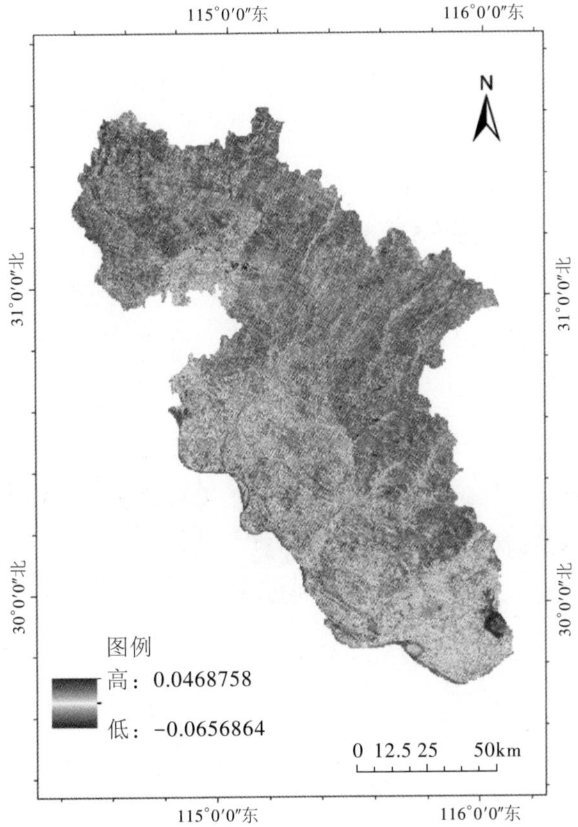

图7-21 2001—2020年残差变化趋势

鄂东大别山地区的植被生长受多种因素的影响，如造林、退耕还林、农业活动以及生态恢复措施等，人类定居和基础设施建设的扩张也对某些区域的植被覆盖产生了负面影响。因此，需要进一步研究所观察到的植被变化的潜在机制，并识别在该地区实现经济发展与生态保护之间平衡的有效策略。

综上，当前的结果表明，人类活动对鄂东大别山地区的植被覆盖度提升起到了积极作用，体现了在该地区促进生态复原和生物多样性保护的可持续发展实践的重要性。

7.3.2 结果验证

根据上述计算结果，我们决定在黄冈市展开实地考察以进行验证，以检测各行政区植被覆盖变化的计算结果，如图7-22所示。验证发现：人类活动对本地区的植被覆盖度有显著影响，大部分以正效应为主，在选取的45个验证点中有42个验证值与残差计算值相符，3个验证点的验证值与计算值不符，计算准确率达到了93.3%。这说明运用MATLAB进行逐栅格的计算，2001—2020年近20年的残差分布是合理准确的。3个与计算值不符的验证点分别是红安县周家村、武穴市沈家村和黄梅县田家村，经过走访调查了解到红安县周家村为新开垦旱地，当地农户为保护新种植农作物经常覆膜，导致遥感影像识别错误，进而导致计算错误；武穴市沈家村与黄梅县田家村都是由于退耕后新种植景观林导致未能准确判别（实地考察验证详情表见表7-2）。

综上，经实地调查与走访，验证了MATLAB计算结果的准确性，后续研究将在此基础上展开。

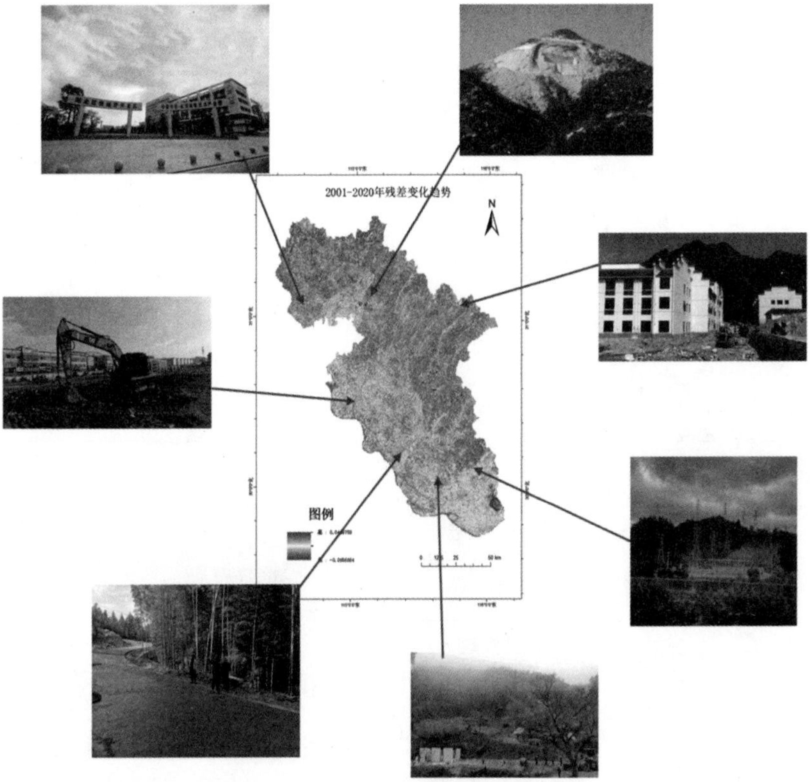

图 7-22　实地考察图

表 7-2　　**实地考察验证详情表**

验证点	地理坐标	残差计算值	验证值
红安县觅儿寺镇	114°35′23″E 31°3′2″N	负效应	负效应
红安县水河村	114°42′7.80″E 31°9′49.11″N	正效应	正效应
红安县周家村	114°37′13.03″E 31°0′1.30″N	正效应	负效应
白鸭山采石场	115°1′59.54″E 31°11′52.17″N	负效应	负效应

续表

验证点	地理坐标	残差计算值	验证值
学儿山采石场	115°3 ′31.29″E 30°58′30.28″N	负效应	负效应
罗田县陈家畈	115°9 ′16.41″E 30°52′10.86″N	正效应	正效应
罗田县三里畈	115°16′15.79″E 30°50′15.74″N	负效应	负效应
罗田县高庙村	115°27′1 .29″E 30°49′29.37″N	正效应	正效应
罗田县叶家河村	115°28′24.27″E 30°47′25.55″N	负效应	负效应
罗田县黄泥塝	115°41′49.17″E 31°7 ′10.27″N	负效应	负效应
英山县黄泥岗村	115°40′59.56″E 30°46′8 .92″N	正效应	正效应
英山县飞跃村	115°47′13.94″E 30°52′55.09″N	正效应	正效应
英山县六西冲	115°48′25.01″E 30°48′9 .46″N	正效应	正效应
英山县恒泰塆	115°49′35.22″E 30°48′0 .09″N	正效应	正效应
团风县邱家塆	114°53′50.81″E 30°39′37.41″N	负效应	负效应
团风县土库湾	114°54′16.69″E 30°40′15.57″N	负效应	负效应
团风县铁铺村	114°54′59.22″E 30°37′58.53″N	负效应	负效应
团风县卢合塆	114°58′45.51″E 30°37′28.79″N	负效应	负效应

续表

验证点	地理坐标	残差计算值	验证值
团风县周家后塆	114°57′55.92″E 30°41′22.79″N	负效应	负效应
黄州区祠堂湾村	115°1 ′8 .44″E 30°33′50.12″N	负效应	负效应
黄州区竹林塆	114°58′47.99″E 30°30′36.24″N	负效应	负效应
黄州区王家院子	114°56′44.58″E 30°31′11.41″N	负效应	负效应
黄州区疏港路	114°57′39.00″E 30°25′27.34″N	负效应	负效应
浠水县高上塆	115°12′49.31″E 30°29′13.77″N	正效应	正效应
浠水县樟树塆	115°10′53.30″E 30°27′14.96″N	正效应	正效应
浠水县发展大道	115°15′12.64″E 30°25′46.62″N	负效应	负效应
浠水县桐子树塆	115°18′0 .13″E 30°23′17.92″N	正效应	正效应
蕲春县燕子塆	115°21′21.31″E 30°20′13.40″N	负效应	负效应
蕲春县九棵松	115°23′17.81″E 30°19′59.40″N	负效应	负效应
蕲春县曾家湾	115°30′22.91″E 30°12′29.60″N	正效应	正效应
蕲春县李下塆	115°30′24.80″E 30°11′1 .44″N	正效应	正效应
蕲春县宋下屋	115°44′3 .91″E 30°22′17.98″N	正效应	正效应

续表

验证点	地理坐标	残差计算值	验证值
蕲春县古木冲村	115°48′57.69″E 30°27′17.15″N	正效应	正效应
武穴市龙里社区	115°31′57.60″E 29°52′37.22″N	正效应	正效应
武穴市张受六湾	115°34′14.78″E 29°53′22.40″N	负效应	负效应
武穴市胡家垅村	115°38′29.10″E 29°59′7 .79″N	负效应	负效应
武穴市畈上村	115°44′32.73″E 30°1 ′13.96″N	负效应	负效应
武穴市沈家村	115°31′41.31″E 29°53′0 .21″N	负效应	正效应
武穴市袁家垸	115°47′22.21″E 30°1 ′0 .30″N	负效应	负效应
武穴市黄湖	115°42′11.40″E 29°53′22.19″N	负效应	负效应
黄梅县姜岭	115°58′47.03″E 30°13′9 .14″N	正效应	正效应
黄梅县田家村	115°51′15.55″E 30°10′41.13″N	负效应	正效应
黄梅县下洪家	115°54′44.28″E 30°12′37.30″N	正效应	正效应
黄梅县烟铺村	116°0 ′14.30″E 30°6 ′0 .43″N	负效应	负效应
黄梅县严家闸	115°59′52.44″E 29°52′20.07″N	负效应	负效应

综上结果表明，鄂东大别山地区植被NDVI的变化趋势是显著的，并且在空间上具有明显的异质性。

7.4 人类活动胁迫系数构建

为了更深入地研究不同行政区县的人类活动对植被变化的影响，本书选择了黄冈市的全部10个行政区县，并以人口密度作为指标（采用的是2020年的数据）。通过对每个行政区县的人口密度与该区县的人类活动对植被变化影响的残差均值进行回归分析，我们可以更加准确地了解人类活动对植被变化的影响程度（见表7-3）。

表7-3 **各区县人口密度与残差均值**

县域	人口（人）	面积（km^2）	人口密度（人/km^2）	残差均值
英山县	310 180	1 438.81	215.5809	0.004516
罗田县	473 195	2 129.94	222.1635	0.003614
麻城市	893 654	3 604.02	247.9603	0.003429
红安县	510 189	1 791.41	284.7975	0.004352
团风县	266 218	831.65	320.1082	−0.000218
蕲春县	792 101	2 398.36	330.2678	0.001593
浠水县	716 273	1 951.12	367.1086	−0.000014
黄梅县	787 783	1 707.84	461.2745	−0.003107
武穴市	676 264	1 241.7	544.6275	−0.002308
黄州区	456 862	362.37	1 260.761	−0.004673

通过详细的回归分析可以发现，总体上来说，人口密度越大的区县对归一化植被指数（NDVI）变化产生的负面影响越显著。在人口密度为300人/平方公里以下的区县中，人口密度与NDVI变化之间呈

现正相关关系，即人口密度的增加与植被覆盖度提升呈正相关关系。然而，在人口密度超过300人/平方公里的区县中，整体上人口密度与NDVI变化之间呈现负相关关系，即人口密度的增加对植被覆盖度提升会产生负面效应（如图7-23所示）。

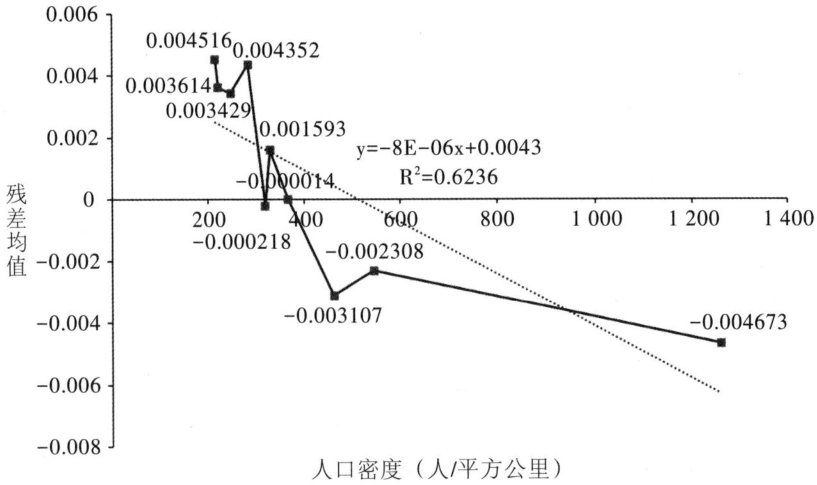

图7-23　人口密度与残差均值线性回归

然而，需要注意的是，尽管我们进行了回归分析，但拟合趋势线的R^2值仅为0.6236，说明相关关系并不是非常理想。这意味着人口密度与NDVI变化之间的关系可能存在其他因素或具有复杂性，超出了我们当前的分析范围。进一步的研究和数据收集可能需要考虑更多的变量来解释植被覆盖度变化的影响。

另外，值得注意的是，在部分区县中，我们观察到了一些反向变化的情况，即在个别人口密度相对较大的区县，人口密度对NDVI变化的正效应超过了其他区县。例如，蕲春县的人口密度为330.2678人/平方公里，对NDVI变化的效应不仅优于团风县（人口密度为320.1082人/平方公里），而且还表现为正效应。这种异常情况可能是由其他因素的干扰或特定地区的环境条件所致，需要进一步探究。因此，在解释人口密度对植被变化影响的过程中，我们需要谨慎对待这些反向变化和异常情况，并综合考虑其他潜在因素，以得出更准确和全面的结论。

为了更深入地揭示人类活动对归一化植被指数（NDVI）变化的影响，本书提出了一种新的方法，即构建人类活动胁迫系数（Human Stress Coefficients，HSC）来反映人口密度（Population Density，PD）与人类活动对植被变化的影响。这个胁迫系数可以通过将人口密度指标与人类活动对植被变化影响的残差均值相乘得到。通过对人类活动胁迫系数与NDVI值进行回归分析，我们可以更深入地探索人类活动对NDVI变化的影响。其具体公式为：

$$HSC_i = PD_i \times NDVI_{res} \quad (7\text{-}3)$$

在式7-3中，HSC_i为人类活动胁迫系数，PD_i为i各行政区县的人口密度，$NDVI_{res}$为该区县人类活动对植被变化影响的残差均值。

采用这种方法能够更准确地获知人类活动对植被变化的综合影响，因为它考虑到了人口密度以及人类活动对植被变化响应的残差值。胁迫系数的构建将人口聚集性和人类活动的具体影响结合起来，提供了一种更综合的指标来评估人类活动对植被覆盖的影响程度。黄冈市各区县人口密度与胁迫系数见表7-4。

表7-4 **各区县人口密度与胁迫系数**

县域	人口密度	胁迫系数	NDVI2001	NDVI2020
英山县	215.5809	9.735635	0.230427	0.523919
罗田县	222.1635	8.02899	0.229103	0.495225
麻城市	247.9603	8.50256	0.209025	0.418915
红安县	284.7975	12.39439	0.161523	0.371589
团风县	320.1082	-0.69784	0.16518	0.366039
蕲春县	330.2678	5.261166	0.187885	0.442543
浠水县	367.1086	-0.0514	0.181049	0.403928

续表

县域	人口密度	胁迫系数	NDVI2001	NDVI2020
黄梅县	461.2745	−14.3318	0.112627	0.351336
武穴市	544.6275	−12.57	0.12825	0.345979
黄州区	1 260.761	−58.9154	0.068919	0.152146

基于各区县胁迫系数、作为初始年的2001年度NDVI值和作为现状年的2020年度NDVI值分别进行回归分析（如图7–24、图7–25所示），结果显示，各区县的胁迫系数与初始年（2001年）和现状年（2020年）的NDVI值之间呈现出良好的负指数相关关系。这意味着人类活动胁迫系数的负值越大，该区县所对应的年度NDVI值越小；而人类活动胁迫系数的正值越大，该区县所对应的年度NDVI值也越大。此外，拟合曲线的R^2值分别达到0.7683和0.776，表现出良好的相关性，充分表明该模型能够解释约76.83%和77.60%的NDVI变化，进一步验证了人类活动对NDVI变化的显著影响。

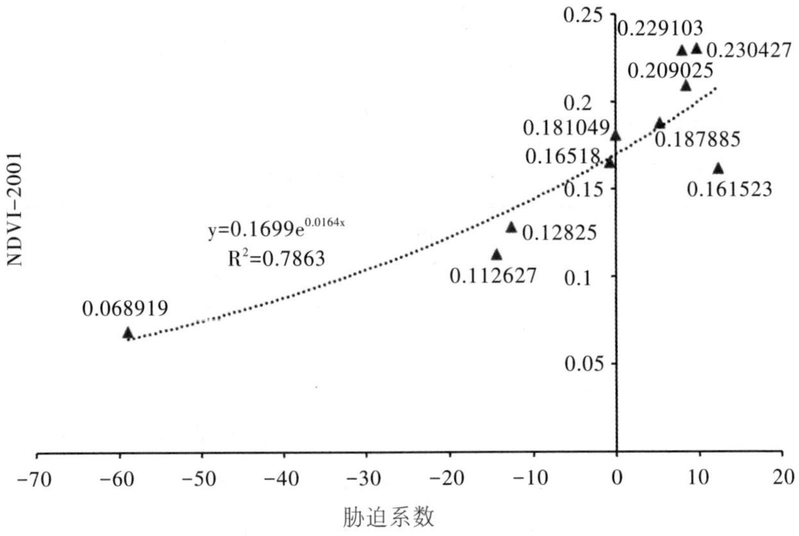

图7–24　2001年NDVI与胁迫系数回归分析

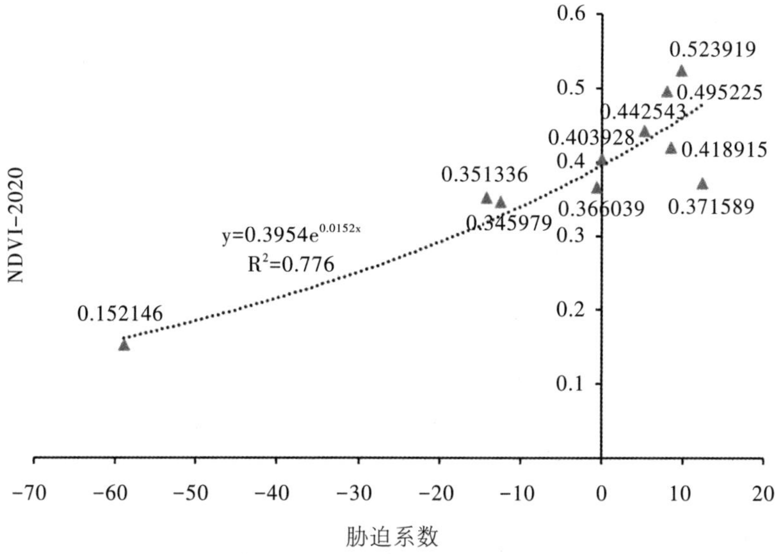

图 7-25　2020 年 NDVI 与胁迫系数回归分析

7.5　陡峭指数构建与分析

在上述对每个行政区县的人口密度与该区县的人类活动对植被变化影响的残差值进行回归分析，及对人类活动胁迫系数构建与分析的过程中，我们注意到蕲春县出现了反向变化。通常，人口密度大的区县对NDVI变化的正向影响不应超过人口密度小的区县，但人口密度为330.2678人/平方公里的蕲春县，对NDVI变化的效应不仅好于人口密度为320.1082人/平方公里的团风县，甚至表现为正效应。这可能是由于其他因素的干扰或特定地区的环境条件所致，因此在这里进一步深入探究。

鉴于蕲春县出现的异常现象，我们对蕲春县的遥感影像数据与其他区县的遥感影像数据进行了对比分析，结果发现蕲春县的地形与其他区县有着明显差异，蕲春县的地形起伏比其他区县要更大。为进一步量化地形起伏胁迫人类活动对NDVI产生影响的效应，本书尝试构建地形陡峭指数（Terrain Steepness Index，TSI），得出各行政区县间地形的起伏状况，进而研究人类活动对植被覆盖度变化影响的因子。地形陡峭指数的计算公式为：

$$TSI_i = (FI_i + S_i)/100 \tag{7-4}$$

$$FI_i = \frac{\sum_{i=1}^{n}(DEM_i - DEM_{min})}{\sum_{i=1}^{n} K*1\,000} \tag{7-5}$$

在式7-4中，陡峭指数由起伏指数（Fluctuation Index，FI）与坡度（Slope，S）相加，完成计算后除以100消除数值过大的影响。

在式7-5中，DEM_{min}指区县内高程最低值，DEM_i指i各栅格点的高程，K指该行政区县遥感影像的栅格数量，完成相关计算以后除1 000来消除数值过大的影响。

将黄冈市各区县DEM分布、坡度分布整理如图7-26、图7-27所示。

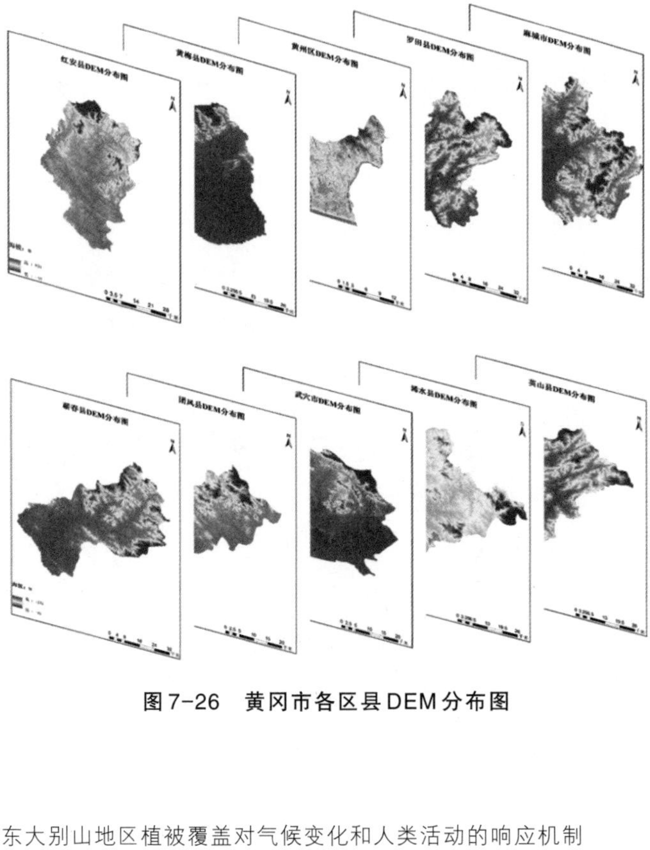

图7-26　黄冈市各区县DEM分布图

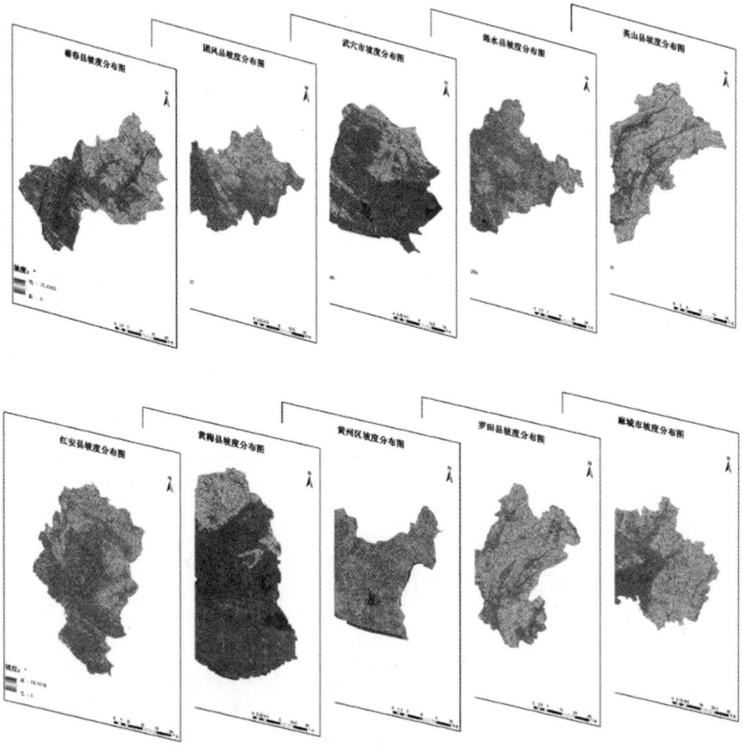

图7-27　黄冈市各区县坡度分布图

通过对表7-5中的陡峭指数以及残差均值进行回归分析，可以得出陡峭指数与残差均值线性回归图，如图7-28所示。

表7-5　**各区县陡峭指数与残差均值**

县域	起伏指数	坡度	陡峭指数	残差均值
英山县	0.32845	14.84	0.47685	0.004516
罗田县	0.30833	14.08	0.44913	0.003614
麻城市	0.24502	11.41	0.35912	0.003429
红安县	0.15023	8.41	0.23433	0.004352

续表

县域	起伏指数	坡度	陡峭指数	残差均值
团风县	0.15459	9.05	0.24509	-0.000218
蕲春县	0.26607	10.71	0.37317	0.001593
浠水县	0.19453	8.04	0.27493	-0.000014
黄梅县	0.11612	6.16	0.17772	-0.003107
武穴市	0.08787	6.51	0.15297	-0.002308
黄州区	0.08658	5.47	0.14128	-0.004673

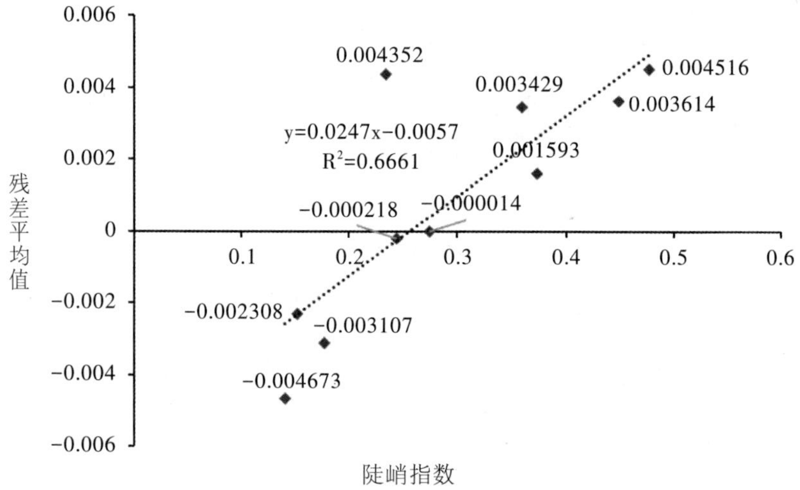

图7-28　陡峭指数与残差均值线性回归

基于图7-28中的线性回归进行分析发现，各区县的陡峭指数与其行政区内的NDVI残差均值之间呈现良好的正指数相关关系，但是拟合趋势线的R^2值仅为0.6661，且其中红安县出现异常。经过考证发现，红安县退耕还林宣传力度大且居民配合程度高，因此出现了数据异常现象，于是去除红安县的异常值，再次进行线性回归拟合得出修正后的回归分析图，如图7-29所示。

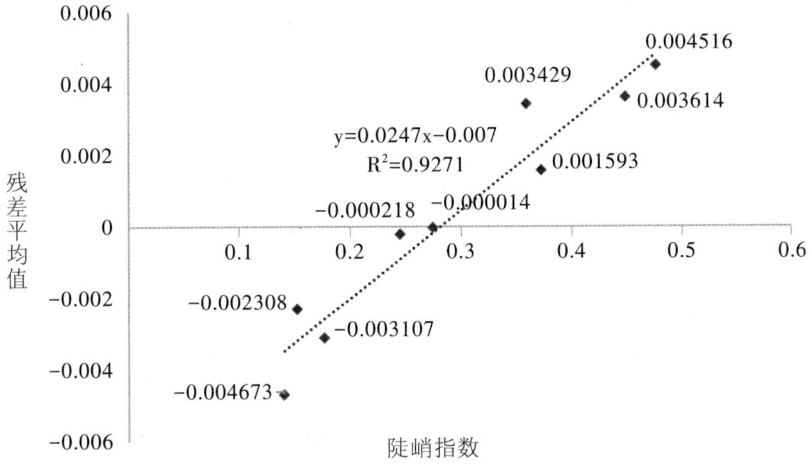

图7-29　修正后的陡峭指数与残差均值线性回归

修正后的拟合趋势线的R^2值达到了0.9271，表现出了相当良好的相关性。这表明指数能够解释约92.71%的NDVI变化，进一步验证了地形起伏胁迫人类活动对NDVI所产生的效应。

基于修正后的陡峭指数与残差均值线性回归分析的结果显示，各区县的陡峭指数与残差均值之间呈现出良好的正指数相关关系。这意味着陡峭指数的正值越大，该区县所对应的年度NDVI残差值越大；而陡峭指数的负值越大，该区县所对应的年度NDVI残差值越小。这个结果表明蕲春县的陡峭指数较高，能够解释其虽然人口密度为330.2678人/平方公里，但对NDVI变化的效应仍然优于人口密度为320.1082人/平方公里的团风县，而且表现出正效应的现象。在陡峭指数较高的区域，人们难以大规模地进行房屋建设、开垦种植、工业生产等，因此对植被覆盖的破坏程度较低；与此同时，在国家退耕还林政策的号召下，人们往往选择陡峭指数较高的区域，特别是坡度高、面积狭窄、无法大规模利用的山区开展还林工程，由此推动人类活动对植被覆盖正向效应在此区域的提升；相反，在陡峭指数较低的区域，在土地平缓、开发成本低等的优势下，人们往往选择在此类区域进行大规模的建设和开发利用，这导致人类活动对植被覆盖的破坏程度较高。

综上所述，陡峭指数的建立很好地验证了地形起伏胁迫人类活动对NDVI所产生的效应。

7.6 本章小结

本章主要展示了依气象数据构建的气候因子与NDVI（归一化植被指数）的回归关系模型，这个模型主要涉及降水和气温两个因子。为了深入分析人类活动对植被覆盖的影响，笔者还尝试建立了人类胁迫系数与陡峭指数。本章主要内容如下：

（1）展示了依气象数据构建的气候因子与NDVI（归一化植被指数）的回归关系模型，获得了2001—2020年近20年的残差计算结果。

（2）分析了人类活动对植被覆盖的总体影响，且根据区域的残差变化趋势进行了详细分析。其结果表明，人类活动对鄂东大别山地区的植被覆盖度有显著影响。通过对2001—2020年NDVI残差的变化分析，我们发现63.23%的区域的残差为正值，表明人类活动对该地区的植被生长有正向作用；而36.77%的区域的残差为负值，表明人类活动对该地区的植被覆盖度有负向影响。这说明人类活动是推动该地区植被覆盖度提升的主要驱动力之一。

（3）在人口密度大于300人/平方公里的区县中，人口密度与NDVI变化呈负相关关系，但蕲春县出现了异常现象，需要进一步研究。

（4）引入人类活动胁迫系数（HSC）来评估人类活动对植被变化

的影响程度。其结果表明，人类活动胁迫系数与残差均值呈负相关关系。胁迫系数的构建将人口聚集性和人类活动的具体影响结合起来，提供了一种更综合的指标来评估人类活动对植被的影响程度。

（5）建立地形陡峭指数（TSI）来量化地形起伏胁迫人类活动对NDVI产生的效应。其结果表明，陡峭指数与残差均值呈正相关关系，陡峭指数的建立很好地验证了地形起伏胁迫人类活动对NDVI所产生的效应。

8

结论与展望

气候变化会影响植被的生长变化，而植被的生长状况同时受多种气候因子的共同影响，气候因子对植被生长具有协同作用[64, 65]。本书选取鄂东大别山地区作为研究区域，2001—2020年为研究时限，以降水量、积温、日照时数为主要气候因子，基于Landsat数据提取出黄冈市植被覆盖度数据，运用空间分析法以及相关分析法等，分析黄冈市植被覆盖度对气候变化的响应机制。

8.1 主要结论

8.1.1 植被覆盖度状况

从研究区域整体情况来看，黄冈市2001—2020年间植被覆盖度总体上呈现出上升-下降-上升-下降-上升的趋势，即呈波动上升趋势，具有东高西低、北高南低的空间分布特点。

从时间角度分析，2001—2003年间快速上升，2003—2007年间快速下降，2007—2017年间相对稳定，2017—2020年间快速上升，整体变化幅度较大，累年平均植被覆盖度保持在58.01%的水平。其中，2001—2003年、2007—2011年、2017—2020年间植被长势良好，2003年、2011年、2020年植被覆盖状况最佳，且呈现出上升的趋势。

从空间角度分析，黄冈市2001—2020年间植被覆盖度整体呈现出东高西低、北高南低、山地高平原低的分布格局，且东部及北部山区植被覆盖度长期保持稳步提升的趋势，南部、东南部沿江平原及西部低山丘陵、平原地区植被覆盖度变化幅度较大，整体呈现出较弱的提升趋势。

8.1.2 主要气候因子状况

整体看来，黄冈市2001—2020年间主要气候因子间无变化规律可循，降水量变幅大，降水量与积温呈上升趋势，日照时数总体呈波动下降趋势。

从时间上看，黄冈市2001—2020年间降水量总体呈上升趋势，变化幅度较大，无明显变化规律，整体处于900～1 700mm之间，累年平均降水量为1 289.65mm；最低值出现在2001年，为934.5mm；最高值出现在2020年，为1 692.23mm。黄冈市2001—2020年积温总体呈上升趋势，无明显变化规律，整体处于5 200～5 800℃之间，累年平均值为5 474.95℃；最低值出现在2012年，为5 246℃；最高值出现在2007年，为5 759℃；仅2016—2020年间变化趋于平稳。黄冈市2001—2020年日照时数总体呈下降趋势，无明显变化规律，累年平均值为1 793.1小时；最低值出现在2019年，为1 622小时；最高值出现在2018年，为2 030小时。

从空间上看，黄冈市2001—2020年间降水量空间变化较大，总体呈现出南高北低、东高西低、中部高的分布格局，其中中部呈稳步增长趋势，西北部变化幅度较大；黄冈市2001—2020年间积温总体呈现出缓慢增长的趋势，且呈现出中部高、东南部次之、西北部低的分布格局；黄冈市2001—2020年间日照时数总体呈现出西北部和中部高、东北部和东南部低的分布格局，其呈现出波动下降的趋势，分布格局差异变化较大。

8.1.3 植被覆盖度对气候变化响应状况

通常情况下，降水是影响一个地区植被覆盖度最主要的气候因子[66]。笔者在分析时发现，平原地区植被覆盖度与降水量变化之间呈现出较明显的正相关性；而在地形起伏大、海拔高的山区，这种正相关性较弱或无明显相关性。为进一步明确植被覆盖度与降水量的响应关系，笔者通过构建降水–植被系数P_r，从降水量大小对植被生长贡献的角度进行分析，发现在地形起伏大的山区，P_r与降水量变化之间呈明显的负相关性。为进一步验证地形起伏情况对P_r的影响程度，通过DEM数据构建地形起伏指数T_i，发现在T_i值高的地区，P_r与降水量变化之间的负相关性更为明显；在T_i值低的地区，P_r与降水量变化之间的负相关性微弱或无明显相关性。综合分析得出如下结论：降水量对黄冈市植被生长总体上起促进作用，但在地形起伏大、海拔高的山区，由于降水强度增大使水土流失加剧，破坏了地表形态，降水量的增加对植被生长起抑制作用；在地形起伏低的低山丘陵或平原地区，降水量对植被生长起明显的促进作用。

通过对各流域间植被覆盖度与积温、日照时数的曲线拟合发现，总体上，植被覆盖度与这两种气候因子均呈负相关关系。积温的负相关性微弱，日照时数的负相关性十分弱或无明显相关性。经进一步分析发现：在地形起伏低、耕地面积大、农作物植被占比大的平原地区，由于植被的增加使蒸腾作用增强，大气中水汽含量更加充足，增加了大气厚度，增强了大气保温作用，故植被覆盖度与积温变化之间呈弱负相关性。在地形起伏较大的山区，由于植被覆盖基础好，且不同海拔间植被对热量需求的差异较大，植被覆盖度与积温变化之间呈微弱负相关性或无明显相关性；仅在大部位于阳坡且植被覆盖状况良好的山区，由于日照时数多的时段降水量相对较弱，降水对植被生长的抑制作用减轻，植被覆盖度与日照时数变化呈微弱的正相关性，其他地区植被覆盖度与日照时数变化之间基本上无明显的相关性。

结合此前运用SPSS软件计算得出的偏相关系数以及绘制的各流域植被覆盖度与各气候因子曲线拟合度R^2关系图，我们得出最终结论：黄冈市2001—2020年间主要气候因子对植被覆盖的影响程度顺序为：降水量＞积温＞日照时数。

8.1.4 人类活动对鄂东大别山地区植被变化的影响

人类活动对鄂东大别山地区的植被变化具有正向作用，该区域的人类活动在相当大程度上推动了区域植被的生长。

人类活动对鄂东大别山地区植被覆盖影响的正值所占的面积占总区域面积的63.23%，负值所占面积占总区域面积的36.77%。这表明，人类活动是鄂东大别山地区植被覆盖度提升的一个重要因素。在该区域，人类活动对植被覆盖度的影响主要是正向的。也就是说，合理且有规划的人类活动的增加会使该区域的植被覆盖度提升。这对未来的生态管理和资源规划具有重要意义，也提醒我们更加重视人类活动对自然环境的影响。虽然研究表明人类活动是鄂东大别山地区植被覆盖度提升的一个重要因素，但是对某些区域来说，个别人类活动可能会导致植被减少。例如，开垦土地、建设城市和工厂等人类活动会破坏土壤结构，破坏生态平衡，从而导致植被覆盖度下降。因此，为了保护和促进生态系统的稳定发展，需要更加科学地制定生态保护政策和管理措施，充分考虑到人类活动对自然环境的影响，并在实践中加以引导和限制。

8.1.5 人类活动胁迫系数与NDVI的变化关系

各区县的胁迫系数与初始年（2001年）和现状年（2020年）的NDVI值之间呈现出良好的负指数相关关系。

这意味着人类活动胁迫系数的负值越大，该区县所对应的年度NDVI值越小；而人类活动胁迫系数的正值越大，该区县所对应的年度NDVI值也越大。此外，拟合曲线的R^2值分别达到0.7683和0.776，表现出良好的相关性。这表明该模型能够解释约76.83%和77.6%的NDVI变化，进一步验证了人类活动对NDVI变化的显著影响。

8.1.6 陡峭指数与残差均值的相关关系

各区县的陡峭指数与残差均值之间呈现出良好的正指数相关关系。这意味着当人类活动区域的陡峭指数增加时，对应区县的年度NDVI残差值也增加；而人类活动区域的陡峭指数值越小，对应区县的年度NDVI残差值也越小。研究发现，蕲春县的陡峭指数较高。这解释了尽管该县的人口密度为330人/平方公里，但其对NDVI变化的影响仍然优于人口密度低于330人/平方公里的团风县，并且呈现出正效应的趋势。在陡峭指数较高的地区，人们很难开展大规模的房屋建设、农田开垦和工业生产等对植被覆盖具有破坏性的活动。同时，在国家实施退耕还林政策的背景下，人们倾向于选择陡峭指数较高的地区，尤其是那些坡度陡峭、面积狭窄、难以大规模利用的山区开展植被恢复行动，进而促使该地区人类活动对植被覆盖的正向影响增强；相反，在陡峭指数较低的地区，由于地形平缓、开发成本较低等，人们更倾向于在这些地区进行大规模的建设和开发，从而加剧了人类活动对植被覆盖的破坏。

8.2 创新点说明

本书的创新点主要体现在对植被覆盖度与降水量变化关系的分析部分，具体总结如下：

（1）通过构建降水-植被系数P_r，分析在地形起伏大的山区植被覆盖度与降水量变化之间呈现出弱正相关性或无明显相关性的原因

降水是影响黄冈市植被生长状况最明显的气候因子，而在地形起

伏大的山区，植被覆盖度与降水量变化之间呈弱正相关性或无明显相关性，与通常情况不同。为此，通过构建降水-植被系数 P_r，计算降水量大小对植被生长状况的贡献率，并分析 P_r 与降水量变化之间的关系，发现在高海拔山区，P_r 与降水量变化之间呈明显的负相关性，即植被覆盖度随降水量的增加而减弱，原因应与强降水对地表冲刷严重有关。

（2）通过构建地形起伏指数 T_i，分析在地形起伏大的山区降水量对植被生长起抑制作用的原因

通过对降水-植被系数 P_r 与降水量变化的曲线拟合发现：负相关性明显的流域均位于北部或东部高海拔山区，原因或与地形有关。为进一步明晰地形对植被覆盖度与降水量变化响应机制的影响，以地形起伏程度作为重要影响因子，构建地形起伏指数 T_i。计算数据及实地考察结果显示：在 T_i 数值较大的流域，其降水-植被系数 P_r 与降水量变化之间的负相关性更为显著，表明在地形起伏大的山区，由于降水量的增加，植被生长受到抑制或破坏，原因是降水量增加加剧了地表水土流失，破坏了植被生长环境。这解释了在高海拔山区植被覆盖度与降水量变化之间呈微弱正相关性或无明显相关性的原因。

此外，在对降水-植被关系的运算中使用 MATLAB 软件，大大提高了生态遥感技术的分析研究效率。

生态遥感技术是一项强大的工具，它利用遥感技术获取环境和生态系统信息，为生态研究和管理提供了宝贵的资源。在这一领域，归一化植被指数（NDVI）是一项常用的指标，通过计算近红外和红光反射率的差异可以评估植被的健康状况和丰度。然而，处理庞大的 NDVI 数据集需要高效、准确的方法，这就是 MATLAB 软件的运用变得尤为重要的原因。MATLAB 软件以其出色的矩阵运算和向量化编程功能而闻名，这使得它成为处理大规模数据集的理想选择。结合生态

遥感技术，并利用MATLAB软件对海量NDVI数据进行分析，我们能够高效地计算NDVI的趋势并进行显著性检验。这种方法不仅提高了数据处理的效率，还能够准确地揭示植被的动态变化情况。特别是在使用大规模、长期的NDVI时间序列数据集时，我们可以进行像元级别的线性回归建模和残差运算，以更详细地了解植被的时空变化特征。这对有效的生态管理和决策制定至关重要。

（3）引入人类活动胁迫系数分析其与NDVI变化的关系。

本研究在分析归一化植被指数（NDVI）变化时，引入了人类活动胁迫系数，以探究人类活动对植被的影响。通过对各区县的胁迫系数与2001年和2020年的NDVI值进行回归分析我们发现，各区县的胁迫系数与初始年和现状年的NDVI值呈现出良好的负指数相关关系。这意味着当人类活动胁迫系数的负值越大时，该区县对应的年度NDVI值越小；而当人类活动胁迫系数的正值越大时，该区县对应的年度NDVI值也越大。此外，拟合曲线的R^2值分别达到了0.7683和0.776，呈现出了良好的相关性，表明我们的模型能够解释约76.83%和77.6%的NDVI变化，进一步验证了人类活动对NDVI变化的显著影响。这一引入人类活动胁迫系数的方法为研究植被变化提供了新的视角。

（4）构建陡峭指数验证地形起伏胁迫人类活动对NDVI所产生的效应。

我们针对蕲春县地形起伏胁迫人类活动影响NDVI的关系，构建了修正后的陡峭指数，并进行了线性回归分析。结果显示，各区县的陡峭指数与残差均值之间呈现出良好的正指数相关关系，表明陡峭指数的正值越大，该区县对应的年度NDVI残差值也越大；而陡峭指数的负值越大，该区县对应的年度NDVI残差值越小。此外，我们发现蕲春县的陡峭指数较高，这解释了尽管该县人口密度为330人/平方公里，但其对NDVI变化的效应仍然优于人口密度低于330人/平方公里的团风县，并且呈现出正效应的现象。

在陡峭指数较高的区域，由于地势陡峭，人们很难开展大规模的房屋建设、开垦种植和工业生产等对植被覆盖有破坏性的活动。同时，在国家退耕还林政策的推动下，人们往往选择在陡峭指数较高的区域，尤其是那些坡度陡峭、面积狭窄、无法大规模利用的山区开展还林行动，从而推动了人类活动对植被覆盖正向效应的增强；相反，在陡峭指数较低的区域，由于土地平缓、开发成本较低等优势，人们倾向于在这些地区进行大规模的建设和开发，这进一步加剧了人类活动对植被覆盖的破坏。

因此，我们在研究中引入了新的创新点：构建陡峭指数验证地形起伏与NDVI变化的响应关系。这一方法不仅揭示了地形对植被覆盖的影响，而且进一步探讨了人类活动如何与地形交互作用，从而对植被覆盖产生不同的影响效应。这一创新点为理解人类活动与地形对植被变化的综合影响提供了新的视角和理论基础，对推动可持续发展和生态保护具有重要意义。

（5）首次在鄂东大别山地区使用残差分析方法分离人类活动因素。

人类活动对植被覆盖的影响是一个复杂而关键的问题，涉及退耕还林、森林砍伐、土地利用变化和农业等多个因素。然而，要准确评估人类活动对植被变化的影响，并将其与其他因素进行区分，如气候变化或自然干扰，是一项具有挑战性的任务。在这方面，残差分析方法是一种有效的工具。在线性回归模型中，残差值是指观测值与预测值之间的差异。通过对残差进行分析，我们能够独立地评估人类活动对植被覆盖变化的影响，同时剔除其他因素的干扰。这种方法使我们能够更准确地量化人类活动对植被的影响，并揭示其在植被动态中的作用。

因此，在本研究中，首次在鄂东大别山地区采用了残差分析方法分离出了人类活动因素。首先，建立线性回归模型，将影响植被变化的各种因素纳入其中，如气候因素、自然干扰和其他环境因素。其次，通过计算观测值与回归模型预测值之间的差异，得到残差值。通过对残差值进行进一步的统计和分析，我们能够准确估计人类活动对植被变化的独立影响。其优势在于能够提供一种客观、可量化的方式来评估人类活动对植被变化的影响。分离出人类活动因素，我们能够更好地理解植被变化对气候因子的响应机制，为生态管理和保护提供科学依据。同时，这也为黄冈市制定相关政策和措施提供了重要参考，以实现可持续发展和生态平衡的目标。

8.3 不足之处

本书的植被覆盖度遥感数据分别来自2001—2011年Landsat 4-5 TM卫星数据产品、2012年Landsat 7 ETM SLC-OFF卫星数据产品、2013—2020年Landsat 8 OLI_TIRS卫星数据产品；空间分辨率虽均为30m×30m，但受制于各系列卫星研制与发射时期的技术水平不同，分辨率有一定差异，且部分Landsat 4-5 TM系列产品影像边缘处有细小的锯齿状阴影，Landsat 7 ETM SLC-OFF产品因传感器损坏，存在明显的条带状阴影，这些影像虽均能使用ENVI软件进行修复，但不可避免地对部分数据计算的精度造成了一定影响。此外，由于研究经费的限制，本书无法获取资源卫星系列、高分卫星系列等高分辨率卫星数据产品，研究区域部分地区的数据计算或存在一定误差。

出于网络安全方面的考虑，国家气象信息中心提供的20-20时逐日系列开放数据暂无法使用，本书的气象数据均来自由美国国家海洋和大气管理局下属的美国国家气候数据中心的公开FTP服务器提供的3小时开放数据，各气象台站数据及相关气候因子数据虽均来自国内共享，但由于统计方式以及数据更新的频率不同，二者之间存在一定的误差，对各气候因子变化的相关性分析也不可避免地存在一定误差。

考虑到以黄冈市为主的鄂东大别山地区气象台站数量有限，且空间分布不均，本书选取了部分周边省市的气象台站数据来估算鄂东大别山地区的气候因子分布及变化状况。因时间与工作量的原因，本书决定以反距离权重法对气候因子进行空间分析。反距离权重法不同于克里金插值法，其仅考虑各数据点在平面空间的分布关系，未考虑高程等垂直分布关系，故对地形起伏大的山区进行分析时，其气候因子的分析结果将产生一定误差。在选取主要气候因子时，未考虑气压、风速、蒸散发、空气湿度、云量等。在研究时限上，未充分考虑到出现极端气候的年份或季节各流域地理要素发生的特殊变化，故对植被覆盖度响应的相关性分析存在一定的不足。

由于研究精力、时间以及产品数据来源的限制，本书仅能对2001—2020年近20年的植被覆盖度对气候变化的响应机制进行分析，如能获取更长时间序列的相关数据，对本书的研究将起到更大的帮助。

受制于疫情及经费的限制，在对鄂东大别山地区的植被覆盖状况进行研究时，仅进行了初步的实地考察，在对部分特殊地区进行分析时，未能进行更深入的实地调研。

8.4 展望

本书的研究虽基本说明了鄂东大别山地区在2001—2020年间，

植被覆盖度受降水量、积温与日照时数不同程度的影响，其中降水量的影响程度最高，积温次之，日照时数基本上不具有明显影响，但仍缺乏更为全面且精确的综合评估及机制分析。此外，对不同基带、土壤上分布的植被未作进一步划分，对发生极端气候现象的年份或季节其气候因子对不同流域内植被所造成的影响未进行分析，气候因子仅考虑降水量、积温以及日照时数，对部分地区人类活动造成的局部破坏未做明确的划分。

考虑到近年来生态保护意识逐渐深入人心，“绿水青山就是金山银山”的理念得到贯彻落实，作为我国南北气候过渡带和鄂东及长江中下游生态保护屏障的大别山地区的环境已发生重大变化。大别山地区分布面积广，高程差距大，本书仅通过2001—2020年Landsat遥感影像数据对植被覆盖度进行估算；以周边9个气象台站的气象数据作为气候依据，未考虑不同高程间的地理特征及其他气候因子。希望在以后能够获取时间范围更长、精度更高的遥感影像数据以及更为全面的气象数据，并结合实地考察，对鄂东大别山地区植被覆盖度对气候变化的响应机制进行更加深入、全面的分析，为区域内环境、气候等相关研究提供数据支撑，为区域内农林业发展与生态环境保护等工作提供信息服务与决策支持。

在未来的研究中，可以利用更加先进的模型和算法对气候因子中的降水和积温进行空间上的趋势分析和与NDVI变化的偏相关分析，同时探究复相关系数的应用，以深入挖掘气候因子对生态环境的影响，来弥补由于精度上的缺陷和算力的限制所造成的误差。同时，还应进一步定量分析自然因素以及人类活动对植被覆盖的影响程度。本研究用残差分析方法分离了人类活动因素，并分析了人类活动对植被覆盖的影响，但是缺乏对自然因素和人类活动各自贡献程度的定量分析。未来，可以采用更为先进的统计分析方法，如因子分析、结构方程模型等，来探究各个因素之间的相互作用，为科学决策提供更为准确的依据。

在后续的研究中，还应加强对鄂东大别山地区植被覆盖变化多因子驱动机制的研究。本书在探究影响植被覆盖变化的自然因素时，仅选择了积温、降水、日照时数这三个气候因子，但太阳辐射、土壤养分等因素均会对植被覆盖变化产生影响。受制于研究数据的缺失和自然因素的复杂性，单因子的研究难以揭示植被覆盖变化对自然因素和人类活动的响应机制，未来应采用多因子的综合分析方法，以揭示植被覆盖变化对自然因素和人类活动的响应机制，为生态保护和可持续发展提供科学支撑。

结语

鄂东大别山地区位于我国南北分界线以及南北气候分异的过渡带上，是长江中下游地区的重要生态屏障，具有独特的地貌与气候特征。对鄂东大别山地区植被覆盖度对气候变化的响应机制进行研究具有重要的理论意义与现实意义。为此，本书基于2001—2020年Landsat系列遥感影像数据与NOAA降水量、积温、日照时数数据，并结合GIS空间分析法、相关分析法和残差分析法，分析鄂东大别山地区长时间序列下植被覆盖度与主要气候因子变化和人类活动之间的响应特征。其主要结论如下：

（1）鄂东大别山地区植被覆盖度总体呈上升趋势，空间分布表现为北高南低、东高西低。

从时间上看，2001—2020年间，鄂东大别山地区植被覆盖度呈现出上升、下降、上升、下降、上升的趋势，累年平均值为58.01%，变化幅度较大。

从空间上看，鄂东大别山地区植被覆盖度整体呈现出北高南低、东高西低的分布格局，东部及北部山区植被覆盖度稳步上升，西北部、东南部平原及南部沿江地带变化幅度较大，呈缓慢上升的趋势。

（2）2001—2020年间，鄂东大别山地区植被指数变化率为-0.048~0.067，大部分区域以提高为主，局部降低，并具有明显的空间异质性。

从植被覆盖度变化面积上看，增加的区域占比66.23%，减少的区域占比33.75%，无变化区域占比0.02%。这表明，在过去的近20年中，鄂东大别山地区植被覆盖度的整体趋势是提高的。虽然有些区域出现了降低的趋势，但这种情况并不普遍；相反，大部分区域的植被覆盖度都在提高。同时，鄂东大别山地区植被指数的空间异质性是明显的：从2001年到2020年，鄂东大别山地区的植被指数变化率区域差异很大。

（3）鄂东大别山地区2001—2020年间降水量波动较大，总体呈上升趋势；积温波动则趋于稳定，呈现上升趋势；年日照时数呈下降趋势，相邻年份间均无明显规律可循。

从时间上看，2001—2020年间，呈上升趋势的为年降水量及积温，波动较大的为降水量，降水量累年平均值为1 289.65mm，积温累年平均值为5 474.95℃；日照时数总体上呈下降趋势，累年平均值为1 793.1小时。

从空间上看，鄂东大别山地区降水量长年呈现南高北低、东高西低、中部高的分布格局，西北部变幅较大，中部及东南部呈稳步增长的趋势；积温长年呈现中部高、东南次之、西北低的分布格局，且各区域变幅较为稳定；日照时数长年呈现大部分地区分布较为平均、由西向东递减、东南部最低的分布格局，且各区域变幅较为稳定。

（4）不同区域内植被覆盖度与降水量变化的关系呈现出不同的特

征，山区和平原之间差异明显，原因为地形条件影响。

鄂东大别山地区植被覆盖度整体上与降水量变化呈正相关关系，但不同区域间差异显著，表现为地形起伏大的山区，随着降水量的增加，对植被覆盖状况起抑制作用；而在平原地区没有表现，这种抑制作用随地形起伏的降低而减弱。

（5）鄂东大别山地区长时间序列下各气候因子对植被覆盖度的影响程度顺序表现为：降水量＞积温＞日照时数。

研究区域内植被覆盖度与降水量变化在整体上呈现出较为明显的正相关关系。其中，正相关性明显的地区是平原，受强降水抑制作用明显的地区是山区；植被覆盖度与积温变化在整体上呈弱负相关关系，仅部分区域有微弱的负相关关系，大部分区域植被覆盖度与积温间未呈现出明显的相关关系；植被覆盖度与日照时数变化在整体上呈现出微弱的负相关关系，各区域间植被覆盖度与日照时数变化基本上不呈相关关系。综合分析得出如下结论：鄂东大别山地区2001—2020年间植被覆盖度与降水量变化之间存在较为明显的相关关系，积温次之，日照时数与植被覆盖度基本无相关关系。

（6）总体而言，人类活动对鄂东大别山地区的植被变化具有正向效应，该区域的人类活动相当大程度上推动了本区域植被生长。

人类活动对鄂东大别山地区植被覆盖度影响的正值面积占总区域面积的63.23%，负值面积占总区域面积的36.77%。这表明，人类活动是鄂东大别山地区植被覆盖度提升的一个重要因素。在该区域，合理且有规划的人类活动会使该区域的植被覆盖度提升。

（7）各区县的人类活动胁迫系数与初始年（2001年）和现状年（2020年）的NDVI（归一化植被指数）值之间呈现良好的负指数相关关系。这意味着人类活动胁迫系数的负值越大，该区县所对应的年度NDVI值越小；而人类活动胁迫系数的正值越大，该区县所对应的年度NDVI值也越大。

（8）各区县的陡峭指数与残差均值之间呈现出良好的正指数相关关系。这意味着人类活动区域陡峭指数的正值越大，该区县所对应的年度NDVI残差值越大；而人类活动区域陡峭指数的负值越大，该区县所对应的年度NDVI残差值也越小。

参考文献

[1] 任国玉，郭军，徐铭志，等. 近50年中国地面气候变化基本特征［J］. 气象学报，2005（6）：942-956.

[2] MASELLI F.Monitoring forest conditions in a protected Mediterranean coastal area by the analysis of multi year data ［J］. Remote Sensing of Environment，2004，89（4）：423-433.

[3] 易扬，胡昕利，史明昌，等. 基于MODIS NDVI的长江中游区域植被动态及与气候因子的关系［J］. 生态学报，2021，41，（19）：7796-7807.

[4] 陆全辉，王向强，曹赫，等. 四川凉山州的森林火灾遥感监测研究［J］. 地矿测绘，2020，36（4）：9-12.

[5] Intergovernmental Panel on Climate Change. Climate Change 2013：The Physical Science Basis：Working Group I Contribution to the Fifth Assessment Report of the Intergovernmental Panel on Climate Change［M］. Cambridge：Cambridge University Press，2013：2-6.

[6] 《第二次气候变化国家评估报告》编写委员会. 第二次气候变化国家评估报告［M］. 北京：科学出版社，2011.

[7] 信忠保，许炯心，郑伟. 气候变化和人类活动对黄土高原植被覆盖变化的影响［J］. 中国科学（D辑：地球科学），2007（11）：1504-1514.

[8] 邓高燕，吴博文，黄勇奇. 基于MODIS影像的黄冈市植被覆盖时空变化特征的研究［J］. 黄冈师范学院学报，2014，34（6）：51-58.

[9] 李巧萍，丁一汇. 植被覆盖变化对区域气候影响的研究进展［J］. 南京气象学院学报，2004（1）：131-140.

[10] 刘金花. 基于改进生态足迹模型的低碳土地利用研究［D］. 北京：中国地质大学，2013.

[11] 李辉霞，刘国华，傅伯杰. 基于NDVI的三江源地区植被生长对气候变化和人类活动的响应研究［J］. 生态学报，2011，31（19）：5495-5504.

[12] 姚雪茹. 鄂尔多斯高原植被变化及其与气候、人类活动的关系［D］. 呼和浩特：内蒙古大学，2012.

[13] 沙晋明. 遥感原理与应用［M］. 北京：科学出版社，2012.

[14] 王蕊. 基于遥感方法的艾里克湖环境演化研究［D］. 福州：福建师范大学，2012.

[15] IDSO SHERWOOD B，JACKSON RAY D，REGINATO ROBERT J.Remote sensing for agricultural water management and crop yield prediction ［J］. Elsevier，1977，1（4）.

[16] MYNENI R B，KEELING C D，TUCKER C J，et al.Increased plant growth in the northern high latitudes from 1981 to 1991 ［J］. Nature，1997，386（6626）：698-702.

[17] TUCKER C J，SLAYBACK D A，PINZON J E，et al. Higher northern latitude normalized difference vegetation index and growing season trends from 1982 to 1999 ［J］. International Journal of Biometeorology，2001，45（4）：184-190.

[18] WANG X H，PIAO S L，CIAIS P，et al.Spring temperature change and its implication in the change of vegetation growth in North America from 1982 to 2006 ［J］. Proceedings of the National Academy of Sciences of the United States of America，2011，108（4）：1240-1245.

[19] JING X，YAO W Q，WANG J H，et al.A study on the relationship between

dynamic change of vegetation coverage and precipitation in Beijing ' s mountainous areas during the last 20 years [J]. Mathematical and Computer Modelling, 2011, 54 (3/4): 1079-1085.

[20] SWANSON D K. Start of the Green Season and Normalized Difference Vegetation Index in Alaska's Arctic National Parks [J]. Remote Sensing, 2021 (13): 2554.

[21] AL-QURAISHI AMF, GAZNAYEE H A, CRESPI M.Drought trend analysis in a semi-arid area of Iraq based on Normalized Difference Vegetation Index, Normalized Difference Water Index and Standardized Precipitation Index [J]. Journal of Arid Land, 2021 (13): 413-430.

[22] DAVIES RICHARD G, ORME C DAVID L, OLSON VALERIE, et al. Human impacts and the global distribution of extinction risk. [J]. Proceedings of the Royal Society B-Biological Sciences, 2006 (273): 1598.

[23] ZEDLER PAUL H, GAUTIER CLAYTON R, MCMASTER GREGORY S. Vegetation change in response to extreme events: the effect of a short interval between fires in California chaparral and coastal scrub [J]. Ecology, 1983 (4).

[24] W. O. VAN DER KNAAP, J. F. N. VAN LEEUWEN. Holocene vegetation succession and degradation as responses to climatic change and human activity in the Serra da Estrela, Portugal [J]. Review of Palaeobotany and Palynology, 1995, 89 (3).

[25] A. MARTINEZ CORTIZAS. Linking changes in atmospheric dust deposition, vegetation change and human activities in northwest Spain during the last 5300 years [J]. The Holocene, 2005, 15 (5).

[26] JASON EVANS, ROLAND GEERKEN. Discrimination between climate and human-induced dryland degradation [J]. Journal of Arid Environments, 2004, 57 (4).

[27] CUOMO V, LASAPONARA R, MACCHIATO MF, et al. Detection of interannual variation of vegetation in middle and southern Italy during 1985—1999 with 1 km NOAA AVHRR NDVI data [J]. Journal of Geophysical Research-Biogeosciences, 2001, 106 (D16).

[28] OMUTO C T, VARGAS R R, ALIM M S, et al.Mixed-effects modelling of time series NDVI-rainfall relationship for detecting human-induced loss of vegetation cover in drylands [J]. Journal of Arid Environments, 2010, 74 (11).

[29] MORAWITZ D F, BLEWETT T M, COHEN A, et al.Using NDVI to Assess Vegetative Land Cover Change in Central Puget Sound [J]. Environmental Monitoring and Assessment, 2006 (114): 85-106.

[30] BOSCHETTI M, F NUTINI, BRIVIO P A, et al. Identification of environmental anomaly hot spots in West Africa from time series of NDVI and rainfall [J]. ISPRS Journal of Photogrammetry & Remote Sensing, 2013, 78 (4): 26-40.

[31] JEYASEELAN A T, ROY P S, YOUNG S S. Persistent changes in NDVI between 1982 and 2003 over India using AVHRR GIMMS (Global Inventory Modeling and Mapping Studies) data [J] . International Journal of Remote Sensing, 2007, 28 (21): 4927-4946.

[32] KAUFMANN R K, SETO K C, SCHNEIDER A, et al.Climate Response to Rapid Urban Growth: Evidence of a Human-Induced Precipitation Deficit [J]. Journal of Climate, 2007, 20 (10): 2299-2306.

[33] PIAO S L, FANG J Y, ZHOU L M, et al.Interannual variations of monthly and seasonal normalized difference vegetation index (NDVI) in China from 1982 to 1999 [J]. Journal of Geophysical Research, 2003, 108 (D14): 1.

[34] 孙红雨，王长耀，牛铮，等. 中国地表植被覆盖变化及其与气候因子关系——基于NOAA时间序列数据分析 [J]. 遥感学报，1998 (3): 204-210.

[35] 方精云，朴世龙，贺金生，等. 近20年来中国植被活动在增强［J］. 中国科学（C辑：生命科学），2003（6）：554-565；578-579.

[36] 邹洪坤. 湖北省植被覆盖度动态变化及其对气候变化的响应［D］. 武汉：武汉大学，2018.

[37] 胡紫君，胡红兵. 基于NDVI的黄冈市植被覆盖度时空变化特征分析［J］. 科技视界，2014（12）：21-21.

[38] 张盛霖，项俊，吴博文，等. 基于遥感与GIS的黄冈市植被覆盖时空特征研究［J］. 湖北农业科学，2015，54（10）：2358-2362.

[39] 张红梅. 遥感与GIS技术在区域生态环境脆弱性监测与评价中的应用研究［D］. 福州：福建师范大学，2005.

[40] 赵跃龙，张玲娟. 脆弱生态环境定量评价方法的研究［J］. 地理科学，1998（1）：78-84.

[41] 巴雅尔，敖登高娃，马安青，等. 历史时期内蒙古LUCC时空过程及其驱动机制［J］. 人文地理，2005（5）：128-133.

[42] 王乃昂，颉耀文，薛祥燕. 近2000年来人类活动对我国西部生态环境变化的影响［J］. 中国历史地理论丛，2002（3）：13-20.

[43] 陈怀亮. 黄淮海地区植被覆盖变化及其对气候与水资源影响研究［D］. 南京：南京信息工程大学，2007.

[44] 国志兴，王宗明，宋开山，等. 1982—2003年东北地区植被覆盖变化特征分析［J］. 西北植物学报，2008（1）：155-163.

[45] 李文龙，薛中正，郭述茂，等. 基于3S技术的玛曲县草地植被覆盖度变化及其驱动力［J］. 兰州大学学报（自然科学版），2010，46（1）：85-90；95.

[46] 贾艳红，赵传燕，南忠仁. 西北干旱区黑河下游植被覆盖变化研究综述［J］. 地理科学进展，2007（4）：64-74.

[47] 丁明军，沈振西，张镱锂，等. 青藏公路与铁路沿途1981—2001年植被覆盖变化［J］. 资源科学，2005（5）：128-133.

[48] 黄靖，夏智宏. 基于MODIS遥感数据的武汉市植被覆盖变化监测分析

[J]. 气象与环境科学，2009，32（2）：16-20.
[49] 于小飞. 呼伦贝尔草原草甸生态功能区生态产业体系构建研究 [J]. 林产工业，2015，42（9）：65-67.
[50] 李登科. 陕北黄土高原丘陵沟壑区植被覆盖变化及其对气候的响应 [J]. 西北植物学报，2009，29（5）：1007-1015.
[51] 杨光华，包安明，陈曦，等. 1998—2007年新疆植被覆盖变化及驱动因素分析 [J]. 冰川冻土，2009，31（3）：436-445.
[52] 章文波，符素华，刘宝元. 目估法测量植被覆盖度的精度分析 [J]. 北京师范大学学报（自然科学版），2001（3）：402-408.
[53] 王正兴，刘闯，Huete Alfredo. 植被指数研究进展：从AVHRR-NDVI到MODIS-EVI [J]. 生态学报，2003（5）：979-987.
[54] 徐勇，黄雯婷，卢梦缘，等. 气候变化和人类活动对西南喀斯特地貌区植被NDVI变化相对作用 [J]. 水土保持研究，2022，29（3）：292-299.
[55] 陆忠艳，袁子鹏，蔡福，等. 基于GIS的气温和降水推算方法研究 [J]. 气象科技，2008（4）：389-395.
[56] 赵英时. 遥感应用分析原理与方法 [M]. 北京：科学出版社，2003.
[57] 任唯敏. 植被指数计算区域植被覆盖度的适用性研究 [D]. 西安：西北大学，2012.
[58] 田庆久，闵祥军. 植被指数研究进展 [J]. 地球科学进展，1998（4）：10-16.
[59] 汪学兵，柳玲，吴中福. 空间内插方法在GIS中的应用 [J]. 重庆建筑大学学报，2004（1）：35-39.
[60] 谢楠. 陕西省植被覆盖度变化对气候变化与人类活动的双重响应 [D]. 西安：长安大学，2021.
[61] 王映明. 湖北植被区划（上）[J]. 武汉植物学研究，1985，3（1）：61-73.
[62] 王映明. 湖北大别山植被 [J]. 武汉植物学研究，1989（1）：29-38.
[63] 刘汉生，吴宜进，张永利，等. 湖北省黄冈市欠发达地区植被覆盖度时

空特征分析［J］. 生态科学，2015，34（5）：23-28.
［64］ 饶品增，王义成，王芳. 三江源植被覆盖区NDVI变化及影响因素分析［J］. 草地学报，2021，29（3）：572-582.
［65］ 殷崎栋，柳彩霞，田野. 基于MODIS NDVI数据的陕西省植被绿度时空变化及人类活动影响［J］. 生态学报，2021，41（4）：1571-1582.
［66］ 王伟泽，胡鹏，王建华，等. 扎龙湿地植被覆盖度及其分布结构对水文气象要素的响应［J］. 水生态学杂志，2020，41（5）：89-97.

附录

附录1：使用SEN方法计算NDVI变化趋势MATLAB代码

```
[a, R] =geotiffread ('D: \DESKTOP\resize\sumNDVI\HG_huanggang_NDVI_2001.tif');
info=geotiffinfo ('D: \DESKTOP\resize\sumNDVI\HG_huanggang_NDVI_2001.tif');
[m,n]=size(a);
cd=2020—2001+1;
datasum=zeros(m*n,cd)+NaN;
k=1;
for year=2001:2020
filename= ['D: \DESKTOP\resize\sumNDVI\HG_huanggang_NDVI_', int2str(year),'.tif'];
data=importdata(filename);
data=reshape(data,m*n,1);
datasum(:,k)=data;
k=k+1;
end
result=zeros(m,n)+NaN;
for i=1:size(datasum,1)
data=datasum(i,:);
if min(data)>-1
valuesum=[];
for k1=2:cd
for k2=1:(k1-1)
```

```
cz=data(k1)-data(k2);
jl=k1-k2;
value=cz./jl;
valuesum=[valuesum;value];
end
end
value=median(valuesum);
result(i)=value;
end
end
filename=['D:\DESKTOP\NDVIsen\基于SEN的NDVI变化趋势2.tif'];
geotiffwrite(filename, result, R, 'GeoKeyDirectoryTag', info.GeoTIFFTags.GeoKeyDirectoryTag)
```

附录2：M-K检验计算MATLAB代码

```
clear
[a, R] =geotiffread ('D: \DESKTOP\output_resize\HG_huanggang_NDVI_2001.tif');
info=geotiffinfo ('D: \DESKTOP\output_resize\HG_huanggang_NDVI_2001.tif');
[m,n]=size(a);
cd=2020—2001+1;
datasum=zeros(m*n,cd)+0;
p=1;
for year=2001:2020    %起止年份
```

```
filename=['D:\DESKTOP\output_resize\HG_huanggang_NDVI_',int2str(year),'.tif'];
data=importdata(filename); %导入数据
data=reshape(data,m*n,1); %reshape改变矩阵形式为m*n行、1列
datasum(:,p)=data;        %把每年的数据依次放到datasum的每一列
p=p+1;
end
sresult=zeros(m,n);
result=zeros(m,n);
for i=1:size(datasum,1)
data=datasum(i,:);
if min(data)>-1
sgnsum=[];
for k=2:cd
for j=1:(k-1)
sgn=data(k)-data(j);
if sgn>0
sgn=1;
else
if sgn<0
sgn=-1;
else
sgn=0;
end
end
sgnsum=[sgnsum;sgn];
```

```
end
end
add=sum(sgnsum);
sresult(i)=add;
end
end
for i=1:size(datasum,1)
data=datasum(i,:);
if min(data)>-1
valuesum=[];
for k1=2:cd
for k2=1:(k1-1)
cz=data(k1)-data(k2);
jl=k1-k2;
value=cz./jl;
valuesum=[valuesum;value];
end
end
value=median(valuesum);
result(i)=value;
end
end
vars=cd*(cd-1)*(2*cd+5)/18;
zc=zeros(m,n);
sy=find(sresult==0);
zc(sy)=0;
```

```
sy=find(sresult>0);
zc(sy)=(sresult(sy)-1)./sqrt(vars);
sy=find(sresult<0);
zc(sy)=(sresult(sy)+1)./sqrt(vars);
result1=reshape(result,m*n,1);
zc1=reshape(zc,m*n,1);
tread=zeros(m,n);
for i=1:size(datasum,1)
%result1(i)
if result1(i)>0
if abs(zc1(i))>=2.58
tread(i)=4;
elseif (1.96<=abs(zc1(i)))&&(abs(zc1(i))<2.58)
tread(i)=3;
elseif (1.645<=abs(zc1(i)))&&(abs(zc1(i))<1.96)
tread(i)=2;
else
tread(i)=1;
end
elseif result1(i)<0
if abs(zc1(i))>=2.58
tread(i)=-4;
elseif (1.96<=abs(zc1(i)))&&(abs(zc1(i))<2.58)
tread(i)=-3;
elseif (1.645<=abs(zc1(i)))&&(abs(zc1(i))<1.96)
tread(i)=-2;
```

```
else
tread(i)=-1;
end
else
tread(i)=0;
end
end
geotiffwrite ('D: \DESKTOP\MK\NDVItread59. tif', tread, R, 'GeoKeyDirectoryTag', info.GeoTIFFTags.GeoKeyDirectoryTag)
```

附录3：构建气候因子与NDVI的回归关系模型MATLAB代码

```
[aa, R]=geotiffread('D:\DESKTOP\output_resize\HG_huanggang_NDVI_2001.tif');
info=geotiffinfo ('D: \DESKTOP\output_resize\HG_huanggang_NDVI_2001.tif');
[m,n]=size(aa);
begin_year=2001;
end_year=2020;
long=end_year-begin_year+1;
presum = zeros(m*n,1);
temsum = zeros(m*n,1);
ndvisum=zeros(m*n,1);
for year=begin_year:end_year
temp=importdata ( ['D: \DESKTOP\resize\temp\hgjw', int2str (year) , '.
```

```
tif']);
pre=importdata(['D:\DESKTOP\resize\pre\hgjs',int2str(year),'.tif']);
ndvi=importdata(['D:\DESKTOP\output_resize\HG_huanggang_NDVI_',
int2str(year),'.tif']);
temp(temp<-1000)=NaN;
pre(pre<0)=NaN;
ndvi(ndvi<-1)=NaN;
temsum(:,end+1)= reshape(temp,m*n,1);
presum(:,end+1)= reshape(pre,m*n,1);
ndvisum(:,year-begin_year+1)= reshape(ndvi,m*n,1);
end
%多元回归,ndvi=a*pre+b*tem+c
cc=zeros(m,n)+NaN;
ccsum=zeros(m*n,long)+NaN;
for i=1:m*n
pre=presum(i,:)';
if min(pre)>=0
ndvi=ndvisum(i,:)';
tem=temsum(i,:)';
X=[ones(size(ndvi)),tem,pre];
[b,bint,r,rint,stats]= regress(ndvi,X);
cc1=ndvi-b(1)-b(2). *tem-b(3). *pre;
cc1=cc1';
ccsum(i,:)=cc1;
cc1=cc1';
X=[ones(size(ndvi)),[1:long]'];
```

```
[b,bint,r,rint,stats]= regress(cc1,X);
cc(i)=b(2);
end
end
filename=['D:\DESKTOP\cancha\2001—2020年残差的趋势. tif'];
geotiffwrite (filename, cc, R, 'GeoKeyDirectoryTag', info. GeoTIFFTags.
GeoKeyDirectoryTag)
data2sum=[];
for i=1:long
data1=ccsum(:,i);
data2=mean(~isnan(data1));
data2sum=[data2sum;data2];
data1=reshape(data1,m,n);
filename=['D:\DESKTOP\cancha\残差',int2str(i-1+begin_year),'.tif'];
geotiffwrite(filename,data1,R,'GeoKeyDirectoryTag',info.GeoTIFFTags.
GeoKeyDirectoryTag)
end
data2sum=[[begin_year:end_year]',data2sum];
xlswrite('D:\DESKTOP\cancha\每年的残差均值. xlsx',data2sum)
```

索引